ゼロから学ぶ

ベクトル解析

西野友年

三角形が山ほど出てくるのが、ベクトル解析の難儀な所だ。∇（下に参ります）と△（上に参ります）は三角形の方向が違うから、まず間違えることはないか。要注意なのが微小量を表す記号Δ（デルタ）と△（ラプラシアン）の区別。活字が微妙に違う。印刷物を見る時は、まだなんとか見分けがつくのだけど、「教授」が講義で板書する時は、どっちも適当に△（三角）で書いてしまうので、見分けもヘッタクレもない。習い始めたばかりの時には「スカラー関数の前に付くのが△で、それ以外はΔ」と覚えておくのが良いだろう。もし中国で数学が発達していたならば、∇は「傾」、∇・Aは「散」、ラプラシアンは「散傾」など、ちょっとは見易い（?）記号になっていたろうに

講談社

はじめに

高校の数学で初めて**ベクトル**に出会う人がいれば，大学で「線形代数」を受講した時に生まれて初めて**ベクトル**を目にする人もいる。こうして，やさしい数学の一つ（?!）として**ベクトル**を勉強しながら，三角形や四角形など直線的な図形を**ベクトル**で表したりするうちに，**ベクトル＝矢印**という印象が強く心に刻まれる。そのままの勢いでニュートン力学の講義に出席すると，トドメの一発**「質点の移動を矢印で表す」**秘伝のワザを授けられる。こうして，更に強く**矢印**のイメージが**ベクトル**という言葉に植え付けられる。もちろん，イメージを頭に浮かべるのは悪いことではない。そう，それが正しい限りは....

すこし学び進んで，力学的な**ポテンシャル・エネルギー**を扱う頃になると，∇という**ヘンテコな形の記号**が教科書にチョロリと現れる。**ベクトル勾配**（こうばい）というモノを説明する時に使う記号だ。あまりよく理解できないけど，まあ 2 度と出会わないだろうと願って，適当に数式を丸暗記しておくのも悪くはない。これで，とりあえず期末試験くらいは無事にパスして，講義の単位も何とか取れる。だが期待に反して，**∇はバイ菌のごとく目に見えない所で密かに増殖しているのだ。**

新学期のある日，ちょっと予習でもしてみようか？　と思って電磁気学（または流体力学）の教科書を開く。と，そこには∇**がウヨウヨ**としているではないか！　しかも**新型病原体**のような△も仲間に加わっている。じわ～っと脇や背筋に汗がにじみ出て来る一瞬だ。その上，今度は**教科書の端から端まで ∇ や △ だらけだ。**こんな時には，見覚えのある物を探して心を落ち着かせようとするのが人間の習性である。そうだ，**ベクトルといえば矢印だ....** と思ってページをめくると.... **天気図のような曲線ばかりの図**が並んでいるだけで，三角形も四角形も出て来ない。無理もない，目の前にあるのは**ベクトル**ではなくて**ベクトル解析**なのだから。「解析」の 2 文字が付け加わるだけで，ガラリと風景が変わるのだ。

この本は，こうして途方に暮れてしまった方や，これから途方に暮れようとしている人々（?!）のための**ベクトル解析お助け本**である。**ベクトル解析**を１から学ぶと，またすぐに△と∇が増殖して沈没するので，易しく勉強できるよう必要な予備知識を減らし，**0から学べる**よう工夫した。また，リラックスした雰囲気で読み進められるよう，ある日の夕暮れに某大学助教授と学生がオシャベリしながら**3時間でベクトル解析の全てを語る**ストーリーに仕上げた。**世の中でいちばん陽気なベクトル解析の本**だと断言できる。試験を明日に控えた時の**一夜漬け**にも良いだろう。

笑って読んで身に付く物理を目指すにあたって，著者の身近な人々から色々なアイデアとコメントを提供していただいた。とりわけ影の仕掛人O氏の大胆な助言と激励の数々に感謝したい。

2002年某日　西　野　友　年

セッカチな読者は目次をザッと見たあとで「あとがき」に進むと「読み通した気分」が味わえるだろう。おっと，お買い求めをお忘れなく。ところで，今までに何度**ベクトル**という言葉が出て来ただろうか？

ゼロから学ぶベクトル解析　目次

おもしろコラム

ギリシア語	8
ちょっと散歩	15
人命−保険	20
ゑくとる？？	24
ゼロの極限は取れるか？	31
恐いもの知らずの集団	39
不動点定理	42
物理の微小量	46
ナブラの形の秘密	57
密度の落とし穴	61
理想と現実のギャップ	69
ちょっとだけ宇宙の話	76
パンの話	78
電荷の話	85
ちょっと一杯	92
自説の撤回	96
ゴミと間接税	101
抵抗に抵抗する	107
パンツの穴	116
∇と∆と△	121
ノーベル賞で負の賞金	125
DNAの拡散効果？	130
古典の反対語は？	135
スター方程式	138
洗濯機の話	145
作ってみよう！	148
一寸法師は運がいい？	154
ゲージ変換	156
もう一つの積分	165
お茶濁し	176
死ぬかと思った	179
ランダウを恨んだ	185
おしぼりタイム	191
○授会でモメたらしい話	194

装丁／海野幸裕
カバーイラスト／本田年一
本文イラスト／西野友年

第 1 章

ベクトル解析で女性を口説く？

楽しい楽しい夏休みが終わり，そろそろ秋の授業が始まろうとしている頃，丘の上の小さな研究室で，鉛筆を握っている男がいた。その名を西野という。玉のような汗をかきつつ，ゴソゴソと何かを準備しているようだ。

西野「ゆく川の流れは絶えずして，しかももとの水にあらず（方丈記）。これは使えるかもしれないな。ちょっと待てよ，これは使い古されたネタだからマズイか!?」

—独り言をブツブツ唱えながら，ノートは真っ白なままなのに，ノンビリとナイフで鉛筆を削っている。私は彼の性格をよく知っているのだが，これは既に現実逃避モードである。男子学生が１人訪ねて来た。

学生「西野先生，夏休み前の講義の...」
西野「先生はナシにしようね，『西野さん』でいいよ」
学生「その，講義の内容が全然わからないっス」
西野「それは勉強が足らん！　ホレ，参考書を 2〜3 冊わたすから，よく勉強しておくように。じゃ〜また来週の講義で会おう」

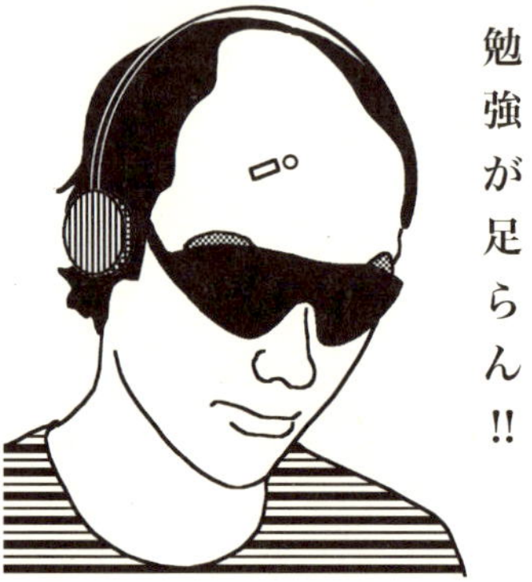

←西野助教授

—おいおい，それはヘボ教官の鑑みたいな応対じゃないか？　授業料を払ってくれる学生様は神様だぞ!?　まあ寸刻を惜しんで現実逃避してるのだから，適当に学生を追い返すのも仕方ないか。おや，また来訪者が。今度は女子学生か。可哀相に，また参考書を山のように積まれて追い返されるぞ。
学生「西野先生，夏休み前の...」
西野「先生はやめようね，『西野』と呼んでおくれ，可愛い貴方」
学生「...西野さん...夏休み前の講義，ぜ〜んぜん理解できないんです」
西野「それは困ったね，どこがわからないんだい?」
—あれ，さっきと応対が違うぞ!?
学生「三角形が出て来るとわからなくなるんです！」
西野「しゃ〜んきゃっけ〜?　というと▲や▼のことかい?」
学生「いえいえ，白抜きの ▽ や Δ の方です[1]。あちこちで出てくるんです。

[1] どうやって会話だけで▲と△と Δ の区別をしているのだろうか？　きっと「くろうえむきさんかく」とか「しろぬきさんかく」などと発音しているに違いない。

力学の教科書には $\boldsymbol{F}=-\nabla U$，電磁気学では $\nabla E=-\mathrm{d}\boldsymbol{B}/\mathrm{d}t$，量子力学でも $\varepsilon\Psi=-(\hbar^2/2m)\Delta\Psi$ それから流体力学にも...」

西野「ちょっと待って，式は正確に書こうね。最初の式は $\boldsymbol{F}(\boldsymbol{r})=-\nabla U(\boldsymbol{r})$，次が，$\nabla\boldsymbol{E}(\boldsymbol{r},\ t)=-\partial\boldsymbol{B}(\boldsymbol{r},\ t)/\partial t$ で，有名なシュレディンガー方程式が，$\varepsilon\Psi(\boldsymbol{r})=\{-(\hbar^2/2m)\Delta+U(\boldsymbol{r})\}\Psi(\boldsymbol{r})$，流体力学のはナビエ・ストークス方程式と言って」

―と，ここで目をノートに落とす西野であった。白いノートを見つつ，時間稼ぎをしているのだ。

西野「う〜ん，ナビエ・ストークス方程式は書くのが面倒だね。ところでその三角形 ∇ には名前が付いているんだよ」

―知識（頭）の薄い所がバレそうになると話題を他に振ろうとするのは，ヘボ教官の悪いクセである。

西野「例えば，下向きの三角形は『ナブラ』と呼ばれているんだ。名前を忘れそうになったら，二つ並べて ∇∇ ホレっ『ノーブラ』って思い出すんだよ。私は ∇∇ よりも ∪∪ の方が好みだけど」

学生「センセ〜[2] それはセクハラですよ〜」

西野「どうも失礼，本題に戻って，∇ はひと文字の記号なんだけど実は

$$\nabla=\begin{pmatrix}\dfrac{\partial}{\partial x}\\[2mm]\dfrac{\partial}{\partial y}\\[2mm]\dfrac{\partial}{\partial z}\end{pmatrix}\tag{1}$$

という長〜い式（?）の省略で，これを覚えてないと，どうしようもない」

学生「それは丸暗記してます。でも，ぜんぜん意味がわからないんです。教科書を読んでも，上の式がば〜んと出て来て，説明も何も無いんです。ひとこと『**ベクトル解析**をよく学習しておくように』と注意書きがあるだけでした。私って，頭が悪いんでしょうか?」

[2]「先生」という言葉は，実は蔑称の一種らしい。

西野「若い人は，教科書を読んで理解できなければ，自分の頭が悪いと思うらしいね。これは悪いクセ。実は読んで理解できないような本を書いた著者の方がず〜っと頭が悪い。100 回読んでも『意自(イオノ)ズカラ通(ツウ)ズ』なんてことは絶対に無いから，いろいろな本を読んで，理解できる部分だけ理解すればいいんだよ」

学生「ちょっと気分が楽になりました。ところで西野さん，何をゴソゴソやってるんですか？　分厚いノートが真っ白なままですが」

西野「うっ，痛い所を突かれたね〜，実は秋から『ベクトル解析』の授業を受け持つことになって，講義ノートの準備に取り掛かった所なんだ」

学生「ドロナワですね」

西野「フランス風にムッシュー(Monsieur)・ド(de)・ロナワ(Ronawa)と呼んでおくれ，私の可愛い人。ちょうど良かった，学生の皆さんが引っ掛かってわからなくなるポイントを知りたかった所なんだ，ベクトル解析で。時間はある？」

学生「えっ....ええ，まあ」

西野「じゃあ，ちょっと食事でもしながら，ゆっくりお話ししましょう」

—サシ(1対1)で食事に誘うなんて，下手をするとセクハラになると気付いてない西野であった。陽(ひ)はまだ高かったが 2 人は研究室を後にした。行き先はひなびた庭園に面した庵(イオリ)，どうやら懐石料理を堪能するらしい。

—おっと，ベクトル『解析』だから『懐石』料理だなどと，下手な駄洒落(だじゃれ)を並べる私ではないゾ，そこはヘボ教官の西野と一緒にしてもらっては困る（えっ？　私の正体？　それは後ほど...）。実はベクトル解析を学ぶということは，懐石料理を楽しむようなものなのだ。ベクトル解析を最初に習う時には，何だかコマゴマとしたことを寄せ集めたように感じられて，全体として何を学ぶのか見当が付かない。懐石料理も，ひと皿ずつ眺めれば全く違った料理。後からどんな料理が来るかを知らずに食べ過ぎてしまうと，途中で満腹になってしまって沈没する。でも，うまく食べ終わってみると，ちゃんと「味のハーモニー（?)」があることに気付くだろう。

林檎の気持ちは
良くわかる
当時のリンゴは
小さかったのだ。
大きくて甘いの、
食べたいな～

Newton (1643-1727)

◇◇お相手は連続体◇◇

大学に入ってまず習う――**有無を言わさず習わされる**――物理がニュートン(Newton)力学の名で親しまれている(?)『質点の力学』だ。ふと「質点って何だろうか？」と疑問に思って教科書を開けば

質点とは全質量が一点に集中した仮想的な物体

と説明してある。一点に集中した物体って何じゃ？　紀元前300年頃にユークリッド(ΕΥΚΛΕΙΔΟΥ)が「点は部分を持たず」と明言してあるとおり，点というものは包丁で二つに割ったりはできない。ところが，野菜にしろ豆腐にしろ，私達の身の回りにあるものは大きさと形（ついでに色や臭い）があって，包丁やノコギリでブッタ切ってバラバラにできる。つまり，私達が日常目にする物体のほとんどが質点ではない。ニュートンは苦労して，なるべく多くの自然現象を質点から説明しようと試みて，その結果を名著「原論(Principia)」にまとめてはいるけど，苦労の割には努力が報われていない。これが俗にいう質点力学の失点（何か，寒い）。

やがて時代が下ると，**空気や水や金属のような均質で連続なものを「連続体」と呼んで質点とは区別して扱うようになった。**もう少し細かく分類すると，水や空気のように，形が定まっていなくてサラサラと（またはドロドロと）流れるものを「流体」，コンニャクや金属のように，形が定まっていてプルプルと振動するものを「弾性体」，ついでに固い弾性体でその変

型を無視して取り扱えるものは特に「剛体」と呼ぶ。古(いにしえ)の人々が何とか工夫して連続体にニュートン力学をあてはめようと試みた結果，

連続体力学≒流体力学＋弾性体力学＋剛体力学

が学問として形成された。同時に，連続体力学を記述するのに必要な数学として，自然と「ベクトル場（3章）」や「ベクトルの微積分（4～9章）」などがあみ出された。現在「ベクトル解析」と呼ばれている数学の誕生である。「ベクトル解析」という単語からは，何だか「ベクトルを解析する」モノが心に浮かんで来るけど，解析する対象はあくまでも連続体そのものだ。

19世紀以後になると，ベクトル解析が単に連続体力学の「添え物」であるにとどまらず，もっと役に立つモノであることが世間（?）の知る所となる。例えば，電磁気学は，空間中に波（～電波）を伝える「何か連続なもの」が存在すると仮定した上で，その「（かつてはエーテルと呼ばれた）何か」にベクトル解析をあてはめた学問で，電磁現象を見事に説明して大成功を収めた。20世紀の大発見の一つがアインシュタイン(Einstein)による相対性理論だということは，誰でも知っているけど，それは「空間そのものが回転・伸縮するような連続体である」という発想の転換によって得られ

たもので，やはりベクトル解析（とその拡張版のテンソル解析）が大活躍する。もう一つの大発見，量子力学も「波の物理」の形式を借りて発展した経緯があって，やはりベクトル解析を避けては通れない。

こんなにアチコチで使われる数学ならば，**大学に入りたての学生にとりあえず詰め込んでしまえ！** というノリで「ベクトル解析」が「物理数学」と称される雑学の一環として大学の１～２年生（主に医理工学部）に叩き込まれるようになった。「ベクトル解析」だけを習っても，どんな御(ご)利益(りやく)があるのか皆目(かいもく)見当が付かないのは，当たり前といえば当たり前だから，初めて教わる時にわからなくても心配ない。何度でもくり返し学ぶ必要に迫られるので，その都度，少しずつ習得して行けば，やがてはヘボ教官の西野程度の理解に達するだろう。

蛇足 ところで，歴史的に連続体は「剛体または弾性体である固体」と，「流体である液体・気体」に分類されて来た。でも，ごはんやパンやスイカやプリンや納豆みたいに，どうにも分類しかねる物質も身の回りにたくさん存在する。この手のモノは実にバラエティーに富んでいて「ソフト・マテリアル（やわらかい物体）」と一括して呼ばれる以外に，あまり良い呼び名が無いのが現状だ。いろいろと面白い性質を持つので，現代物理学の最先端テーマの一つ「複雑系」と関連した分野で研究されている。もちろん，ベクトル解析が研究道具の一つとして大活躍している。ゆくゆくは，ヒューマン・サイエンスの一環として「男と女の関係」にもベクトル解析が登場するかもしれない...「弾性体」があるのだから世の中には「女性体(にょたい)」があっておかしくない...あ，またしょ～もない駄洒落が出てしまった。

―さて，西野氏と，かの女子学生が，テーブルをはさんで交(か)わす珍問答やいかに？

◆◆ギリシア語◆◆

既に Ψ とか ε など，見慣れない文字が出て来た。これらは今もギリシア（※）で使われているギリシア文字なのだけど「読み方と書き方がわからない」がゆえに**拒否反応**を示す人も少なくない。食わず嫌いのようなものかもしれない。御安心を。例えば θ は「シータ」と読む人がいたり「セータ」や「テータ」と呼ぶ人もいたりで，読み方が一定していない上に，そもそも物理屋や工学屋さんたちはギリシア語の専門家ではないので，文字も我流(がりゅう)で好きなように書いている。長い歴史の間に，ギリシア文字の読み方自体が変わったので，いろいろな混乱が生じてしまったのだけど，そもそも我々だって一つの漢字に幾つもの読み方を当てハメておきながら，何も不都合を感じないのだから，ギリシア文字に幾通りか読み方があっても，使っているうちに慣れてしまうだろう。

参考の為に，ギリシア文字の一覧表を示す（カタカナ表記には，めっちゃんこ無理があるけど，そこは御勘弁な～）。

[大文字]	[小文字]	[古代ギリシア語読み]	[現代ギリシア語読み]
A	α	アルファ	アルファ
B	β	ベータ	ビータ
Γ	γ	ガンマ	ガンマ
Δ	δ	デルタ	ゼルタ
E	ε	イプシロン	エプシロン
Z	ζ	ゼータ	ジータ
H	η	エータ	イータ
Θ	θ	セータ	シータ
I	ι	イオタ	イョタ
K	κ	カッパ	カッパ
Λ	λ	ラムダ	ラムザ
M	μ	ミュー	ミー
N	ν	ニュー	ニー

Ξ	ξ	グザイ	クシー
O	o	オミクロン	オミクロン
Π	π	パイ	ピー
P	ρ	ロー	ロー
Σ	σ	シグマ	シグマ
T	τ	タウ	タフ
Υ	υ	ウプシロン	イプシロン
Φ	ϕ	ファイ	フィー
X	χ	カイ	ヒー
Ψ	ψ	プサイ	プシー
Ω	ω	オメガ	オメガ

（※）ギリシア料理の店に入ると，まず「ウゾ」という透明の強い酒をふるまわれる。『北回帰線』（里中満智子）というマンガにも大人の酒として登場する。「足が２本あるんだからウゾの１杯や２杯ど～ってことないよ」と，豪快に注がれるまま飲んだらど～なるか，身をもって体験すると良い。４本足で帰宅するであろう。

第 **2** 章

べくとるマンボウ旅行記

女将「あら西野さんいらっしゃい。今日**も**お二人さんですか？」

—と庵(イオリ)の女将(おかみ)さんが出迎えた。どうやら，ちょくちょく「特別補講」に利用しているらしい。

学生「大学から歩いて来られる場所に，閑静な庵があるんですね」

西野「丘の上の研究室から南に 256 メートル，東に 777 メートル」

学生「何ですか，それ？」

西野「大学の研究室から，ここまでの移動だよ。何なら北に −(マイナス) 256 メートル，東に 777 メートルと言い換えてもいい。もう少し省略して（北，東）に（−256，777）メートルと書けば，もっと簡潔に見えるかな？」

学生「ああ，高校でならう座標ですね。研究室を原点に取って $(x, y) =$（−256，777）の位置にいるって言いたいんでしょ？」

西野「ま，そんなとこ。デカルト(Descartes)という人が始めたらしい場所の表し方なので

『デカルト座標』ともったいぶった名前で呼ぶこともあるよ」

学生「『我思う（cogito），故に我在り（ergo sum）』で有名な人ですね」

Descarte (1596〜1650)

西野「食いしん坊のオレは『我重い，故に我在り』を目指そう！」

学生「料理はアラカルト？」

西野「今日は女将さんのお任せコース。恐い話は？ 」

学生「オカルト！　西野さんは怒（イカ）ルト恐いの？」

西野「いいノリしてますね〜。頭が光（ヒカ）ルト恐いですよ〜。あなたの下宿をデカルト座標で表すと？」

学生「え〜と，$(x, y)=(860, \ldots$」

女将「さあ奥のお部屋へどうぞ」

ーと言いつつ学生に目配せする女将であった。

学生「西野さん，乙女（おとめ）に年令と住所を聞いちゃダメですよ」

西野「ば〜れ〜た〜か〜。それでは，ここから部屋へ向かって $(x, y)=(12, 8)$ メートル移動しよう」

一結局，二人は研究室からどれだけ移動したのだろうか？

$(-256, 777)+(12, 8)=(-256+12, 777+8)=(-244, 785)$ だから，大学の研究室から南に 244 メートル，東に 785 メートルの地点にやって来たことになる。もう少し正確に述べるならば，二人は丘の上から歩いて来たので 20 メートルほど坂を下っている。アップ・ダウンも含めると（北，東，上）$=(-244, 785, -20)$ と表せる。

◇◇位置を表すベクトル◇◇

ソモソモ物理学トイフモノハ，森羅万象ナル自然現象ヲ数学ニヨリ整然ト説明スル学問デアルカラ，ヒトタビ物理学ヘノ道ニ入門シタナラバ，何モカモ数ト数式デ表スコトニ精進スベキデアル——なんて教科書の前文に書いてあると，本文を読み始める前にイヤになってしまう。心配御無用，ベクトル解析で使う数学は「怠け者の自然科学者たちが，**シブシブ使った**簡単なもの」だから，そんなに難しいはずがない。

最初の一歩——いや第ゼロ歩——は場所を「数の組み合わせ」で表すことだ。先の会話にあったように，どこか基準となる地点を一つ決めると，その周囲の場所を各方向（例えば東西・南北・上下）への移動距離によって示すことができる。この基準となる点を「**原点**（げんてん）」と呼ぶ。どの地点を原点に選ぶかということについて，特に決まったポリシーはないので，普通は関心のある場所にほど近い所に原点を定める。全ての基準となる点なので，ネコの背中だとか自動車のボンネットの上のような，動き回る点を原点に選ぶと「減点」じゃ。図に示したように原点は記号 O（オー）で示す。**ゼロから学ぶ**[3] という雰囲気に満ちているかな。

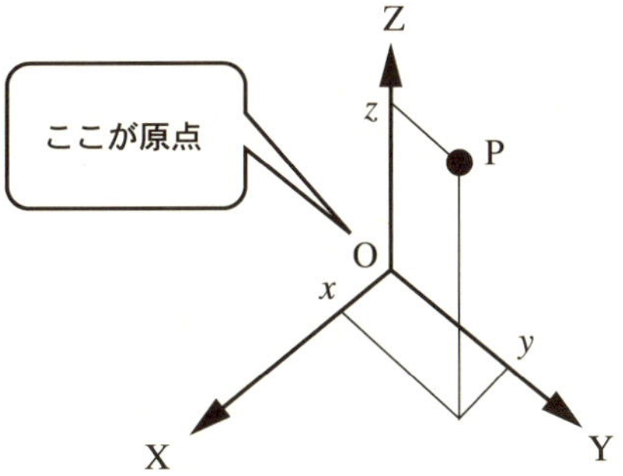

さて，原点 O 以外の場所を表すために，O から適当に選んだ直交する 3 方向へ直線を引こう。先の例では，東・北・上を 3 方向に選んだのだったが，確かに東と北，北と上，上と東は互いに直角な方向である。原点を O と名付けたように，方向にも名前が欲しいので，順に X 方向，Y 方向，

[3] 零号機，初号機，二号機と聞いてピンと来る人は既にアニメオタク（目の数の 2 は n 乗）。この例に限らず，ゼロは物事のキーポイントであることが多いものだ。

Z 方向と呼ぼう。そして，原点を通って X，Y，Z 方向に伸びる 3 本の直線を X 軸，Y 軸，Z 軸と呼ぶ。これだけ準備すると，原点から X 方向に x，Y 方向に y，Z 方向に z 進んだ所にある点——P と呼ぼう——の位置は三つ揃(ぞろ)いの数 x，y，z で表すことができる。これが点 P の座標である。x，y，z を縦に並べてみよう。

$$\begin{pmatrix} x \\ y \\ z \end{pmatrix} \tag{2}$$

こういう風に数字を並べてカッコではさんだものを**ベクトル**と呼ぶ[4]。今の場合，コレは点 P の位置を表しているので，ベクトルはベクトルでも特に「位置ベクトル」と呼ばれる。

ベクトルが現れるたびに，ノートを 3 行も使うと紙がもったいないので，ふつうは**太文字**を使って，たった一つの文字 $\boldsymbol{r}$ に略記する。

太文字で表すベクトル

$$\boldsymbol{r} = \begin{pmatrix} x \\ y \\ z \end{pmatrix} \tag{3}$$

場合によっては，矢印記号 $\vec{r}$ を使うこともある（なるべくノートに書く分量を減らそうとするのは，単なる「怠け者の精神」から来ている。物理や数学というのは「**なるべく多く怠けた者ほどエラい**」という妙な世界なのだ）。できるだけ太文字を使うように心掛けると，これからお目に掛かるいろいろな数式をスッキリとまとめられる。でも，時々どうしても式 (3) の右辺のようにベクトルを「三つ揃いの数」で表す——表示する——必要に迫られる。こういう風に数を並べてベクトルを表すやり方を「ベクトルの成分表示」といって，表示されている数をベクトルの「成分(component)」，または「要素(element)」と呼ぶ。位置ベクトルの場合，上から順に X，Y，Z 軸方向の「成分」なので，一番上の成分 x を ベクトル $\boldsymbol{r}$ の X 成分，二番目の成分 y を Y 成

[4] (x, y, z) と数字を横に並べることもある。この方がスペースの省略にはなるのだけど，いろいろと都合が悪い場面にも出くわすので，この本では最後まで縦に並べることにする。もうちょっと数学的に細かいことを言うと，x と y と z は互いに足し合わせることが可能でなければならない。

分，三番目の成分 z を Z 成分と呼ぶ。

◆◆ちょっと散歩◆◆

ベクトルは成分表示できるけれども，逆に成分表示できるものが何でもベクトルか？ というとそうではない。カップラーメンのフタを見るが良い。「食品衛生法に基づく成分表示」などと書いてあるゾ!! コレは，用語の日本語訳ではよくお目に掛かる類(たぐ)いのチョッとしたイタズラで，ベクトルの成分は「要素」とも呼ばれて英語では Element または Component，食品の成分は Ingredient と区別がある。

◇◇添え字は添え物にあらず◇◇

二つ以上の点 P，P′，P″，... を考える場合，それぞれの場所を位置ベクトルを使って表したければ，

$$\boldsymbol{r} = \begin{pmatrix} x \\ y \\ z \end{pmatrix}, \quad \boldsymbol{r}' = \begin{pmatrix} x' \\ y' \\ z' \end{pmatrix}, \quad \boldsymbol{r}'' = \begin{pmatrix} x'' \\ y'' \\ z'' \end{pmatrix}, \quad \ldots \tag{4}$$

という風に，ダッシュ記号を使って区別するのが通例だ。但し，あまり点の数が多くなると

$$\boldsymbol{r}'''''''' = \begin{pmatrix} x'''''''' \\ y'''''''' \\ z'''''''' \end{pmatrix}$$

なんてことになり，とても**うざったい**ので，そんな場合にはダッシュの数を文字の右下に小さく添える。

$$\boldsymbol{r}_0 = \begin{pmatrix} x_0 \\ y_0 \\ z_0 \end{pmatrix}, \quad \boldsymbol{r}_1 = \begin{pmatrix} x_1 \\ y_1 \\ z_1 \end{pmatrix} \quad \boldsymbol{r}_2 = \begin{pmatrix} x_2 \\ y_2 \\ z_2 \end{pmatrix}, \quad \ldots \tag{5}$$

添えられた小文字——添え字(そえじ)——によって，変数を区別するというのは，数学記号の大発見（!!）の一つで，時代が経つにつれてナンデモ添えるよ

うになった。例えば，東京と大阪の位置を $\boldsymbol{r}_{\mathrm{TOKYO}}$ とか $\boldsymbol{r}_{\mathrm{OSAKA}}$ などと表せば，記号を見ただけで「ああ，これは TOKYO と OSAKA の位置ベクトルだな」とわかる。ここまで極端でなくても，二つの点 P と Q の位置をベクトルで表すならば $\boldsymbol{r}_{\mathrm{P}}$ および $\boldsymbol{r}_{\mathrm{Q}}$ と書き表すのが自然だろう。

添え字がいっぱい出て来る数式をノートに書き写す場合，添え字が潰(つぶ)れてしまわないように，数式全体を少し大きめに書くのが無難だ。テストやレポートを提出する時には，特に添え字に要注意。ちょっとでも書き間違えると，数式の意味がガラリと変わってしまう。．．．．などと注意する先生に限って，よく板書で添え字を書き間違える。へボ教官は身をもって「添え字の恐ろしさ」を教えているのだ。

◇◇ベクトルの長さ（大きさ）と方向◇◇

点 P の位置ベクトル $\boldsymbol{r} = \begin{pmatrix} x \\ y \\ z \end{pmatrix}$ を，もう少し詳しく眺めてみよう。原点 O から点 P までの距離 $\overline{\mathrm{OP}}$ は，ユークリッドの距離公式より「成分の二乗の和の平方根」 $\sqrt{x^2+y^2+z^2}$ である。これをベクトル $\boldsymbol{r}$ の**長さ**，**大きさ**または**絶対値**と呼び，$|\boldsymbol{r}|$ と書いたり，細文字 r で表す。

ベクトルの長さ　　$r = |\boldsymbol{r}| = \sqrt{x^2+y^2+z^2}$　　(6)

よく「ベクトルとは**大きさ**と**方向**を持つもの」と説明されるが，その**大きさ**がまさにベクトルの絶対値である。じゃあ，残った**方向**というのは，何だろうか？

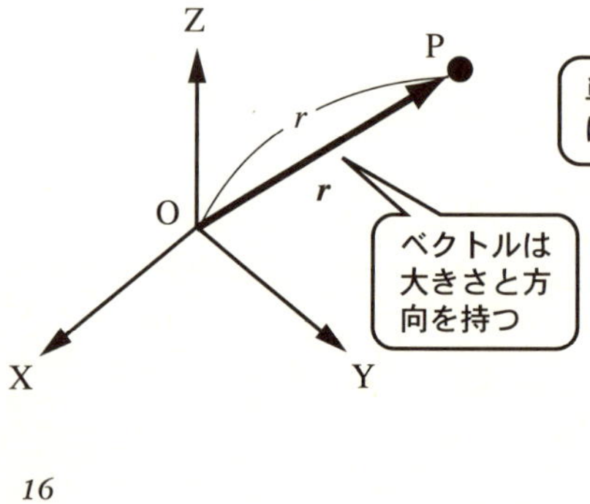

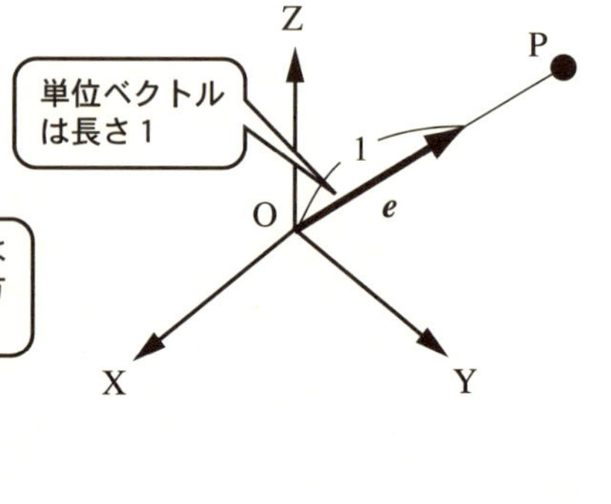

位置ベクトル$\boldsymbol{r}$を，その大きさrで割ったもの$\boldsymbol{e}=\boldsymbol{r}/r=\boldsymbol{r}/|\boldsymbol{r}|$を，ちょっと考えてみよう。$\boldsymbol{e}$の成分を具体的に書くと

$$\boldsymbol{e}=\frac{\boldsymbol{r}}{|\boldsymbol{r}|}=\begin{pmatrix}\dfrac{x}{\sqrt{x^2+y^2+z^2}}\\ \dfrac{y}{\sqrt{x^2+y^2+z^2}}\\ \dfrac{z}{\sqrt{x^2+y^2+z^2}}\end{pmatrix} \tag{7}$$

と表せるから，$\boldsymbol{e}$もまた「数が縦に三つ並んでいる」ベクトルである。但し，$\boldsymbol{e}$の絶対値は$|\boldsymbol{e}|=\left|\boldsymbol{r}/|\boldsymbol{r}|\right|=|\boldsymbol{r}|/|\boldsymbol{r}|=1$なので，$\boldsymbol{e}$は長さ1のベクトルである。このように「長さ1のベクトル」のことを**単位ベクトル**と呼ぶ。

単位ベクトル 長さが1のベクトルを単位ベクトルという。長さがゼロではないベクトル$\boldsymbol{r}$に対して$\boldsymbol{e}=\boldsymbol{r}/|\boldsymbol{r}|$は単位ベクトルである。

$\boldsymbol{e}$は$\boldsymbol{r}$から長さの情報（$=r$）を落としてしまったものだから，ベクトル$\boldsymbol{r}$の**方向**を表している。単位ベクトルの中でも，X, Y, Z軸方向を向いたものは特に大切で，

覚えよう $$\boldsymbol{e}_{\mathrm{X}}=\begin{pmatrix}1\\0\\0\end{pmatrix},\quad \boldsymbol{e}_{\mathrm{Y}}=\begin{pmatrix}0\\1\\0\end{pmatrix},\quad \boldsymbol{e}_{\mathrm{Z}}=\begin{pmatrix}0\\0\\1\end{pmatrix} \tag{8}$$

後からいろいろな場面で使う。工学系の教科書では$\boldsymbol{i}\equiv\boldsymbol{e}_{\mathrm{X}}$，$\boldsymbol{j}\equiv\boldsymbol{e}_{\mathrm{Y}}$，$\boldsymbol{k}\equiv\boldsymbol{e}_{\mathrm{Z}}$と，記号$\boldsymbol{i}$，$\boldsymbol{j}$，$\boldsymbol{k}$を使うのがふつうなようだ。

以上のようにして，ベクトル$\boldsymbol{r}$から大きさrと方向$\boldsymbol{e}$を分離する。もちろん，大きさと方向を再び合わせてやると，もともとのベクトル$\boldsymbol{r}$を復元できる。

$$r\boldsymbol{e}=|\boldsymbol{r}|\boldsymbol{e}=|\boldsymbol{r}|\frac{\boldsymbol{r}}{|\boldsymbol{r}|}=\boldsymbol{r} \tag{9}$$

何だか，とても当たり前な式を並べたので，退屈した方も多いと思うけど，ここで寝てしまうと「単位を落とす」ので要注意。よく遭遇する罠(わな)の一つがベクトル$\boldsymbol{r}$の-1(マイナス)倍。

$$-1\times \boldsymbol{r} = -1\times|\boldsymbol{r}|\boldsymbol{e} \tag{10}$$

だからといって，うっかり「$-\boldsymbol{r}$ の長さは $-|\boldsymbol{r}|$ で方向は $\boldsymbol{e} = \boldsymbol{r}/|\boldsymbol{r}|$ と答えるとアウト。式(6)より明らかなように，ベクトルの長さは常にゼロ以上なので，「$-\boldsymbol{r}$ の長さは $|\boldsymbol{r}|$ で方向は $\boldsymbol{e}' = -\boldsymbol{r}/|\boldsymbol{r}| = -\boldsymbol{e}$」と答えるのが正しい。$\boldsymbol{e}'$ は $\boldsymbol{e}$ とは正反対の方向を向いている。

懐石 a la 問答

—短い廊下を歩きつつも，既にベクトルにハマっている二人であった。

学生「ベクトル記号の**太文字**って，どんな風に手書きするんですか？」

西野「それは『香川名物・讃岐うどん』を『小豆島名物・手延べ素麺（そうめん）』で再現するようなモンだ。太い所を２重に書くといい，こんな風に」

Kagawa Meibutsu

Sanuki Udon

r = |r|,　e = r/|r|

学生「この書き方は万国共通なんですか？」

西野「隣の研究室の先生は，ちょっと違った書き方をするよ」

学生「いい加減ですね」

西野「手書きノートは人に見せないからね。プライベートなものだから『私だけのベクトル記号』でい〜んだ。何なら『私だけ○×（チョメチョメ）』を，もっとお見せしましょうか？ 濃い〜ですよ」

学生「.....遠慮しておきます」

—見合い百回，初対面の相手に，いきなりプライバシーの暴露ばかりくり返して破談王になったという噂の西野である。幸い，港街の猫女に拾われて，幸せな生活を送っていると聞くが，会話センスは治ってないな。

◇◇ベクトルの足し算，引き算◇◇

これまでは原点Oと点Pの位置関係を考えてきた。もう一つ別の点Qを考えるとき，点Pと点Qはどんな位置関係にあるだろうか？

まず，添え字を使ってPとQの位置ベクトルを書き表しておこう。

$$\boldsymbol{r}_\mathrm{P} = \begin{pmatrix} x_\mathrm{P} \\ y_\mathrm{P} \\ z_\mathrm{P} \end{pmatrix}, \quad \boldsymbol{r}_\mathrm{Q} = \begin{pmatrix} x_\mathrm{Q} \\ y_\mathrm{Q} \\ z_\mathrm{Q} \end{pmatrix} \qquad (11)$$

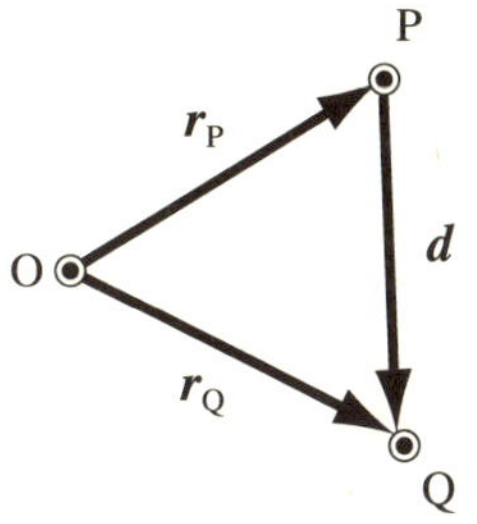

ベクトルの引き算

さて，点Pから点Qを眺めよう。PからX方向に$x_\mathrm{Q}-x_\mathrm{P}$，Y方向に，$y_\mathrm{Q}-y_\mathrm{P}$，Z方向に$z_\mathrm{Q}-z_\mathrm{P}$進んだ地点にQがある——言い直せば，Pからベクトル$\boldsymbol{d} = \begin{pmatrix} x_\mathrm{Q}-x_\mathrm{P} \\ y_\mathrm{Q}-y_\mathrm{P} \\ z_\mathrm{Q}-z_\mathrm{P} \end{pmatrix}$だけ移動した所にQがある。なんだかゴタゴタと言葉を並べたけれども，これが「位置ベクトル同士の引き算」というもので，

ベクトルの引き算

$$\boldsymbol{r}_\mathrm{Q} - \boldsymbol{r}_\mathrm{P} = \begin{pmatrix} x_\mathrm{Q} \\ y_\mathrm{Q} \\ z_\mathrm{Q} \end{pmatrix} - \begin{pmatrix} x_\mathrm{P} \\ y_\mathrm{P} \\ z_\mathrm{P} \end{pmatrix} = \begin{pmatrix} x_\mathrm{Q}-x_\mathrm{P} \\ y_\mathrm{Q}-y_\mathrm{P} \\ z_\mathrm{Q}-z_\mathrm{P} \end{pmatrix} = \boldsymbol{d} \qquad (12)$$

と各成分ごとの引き算としてスッキリ書ける。上の式を移項すると，

ベクトルの足し算

$$\boldsymbol{r}_\mathrm{Q} = \boldsymbol{r}_\mathrm{P} + \boldsymbol{d} = \begin{pmatrix} x_\mathrm{P} \\ y_\mathrm{P} \\ z_\mathrm{P} \end{pmatrix} + \begin{pmatrix} x_\mathrm{Q}-x_\mathrm{P} \\ y_\mathrm{Q}-y_\mathrm{P} \\ z_\mathrm{Q}-z_\mathrm{P} \end{pmatrix} = \begin{pmatrix} x_\mathrm{Q} \\ y_\mathrm{Q} \\ z_\mathrm{Q} \end{pmatrix} \qquad (13)$$

と「ベクトル同士の足し算」も自然と導かれる。$\boldsymbol{r}_\mathrm{P}+\boldsymbol{d}$は，原点からPまで進んで，そこからさらに$\boldsymbol{d}$進んだ所の位置ベクトルだ。ついでなが

ら，PとQの間の距離 $\overline{\mathrm{PQ}} = \sqrt{(x_{\mathrm{Q}} - x_{\mathrm{P}})^2 + (y_{\mathrm{Q}} - y_{\mathrm{P}})^2 + (z_{\mathrm{Q}} - z_{\mathrm{P}})^2}$ も，単に $\boldsymbol{d}$ の大きさ $|\boldsymbol{d}| = |\boldsymbol{r}_{\mathrm{Q}} - \boldsymbol{r}_{\mathrm{P}}|$ として表すことができて，都合が良い。

◆◆人命－保険◆◆

もともと「点」や「地点」は，日常の感覚でいうと足したり引いたりできるものではない。例えば「東京＋大阪」とか「富士山頂上＋大阪城天守閣」などはナンセンスで何の意味もないけれど，$\boldsymbol{r}_{\mathrm{TOKYO}} + \boldsymbol{r}_{\mathrm{OSAKA}}$ は計算できてしまう。これは，位置ベクトルというものが「原点からの移動」を表しているから，その足し算の結果は「原点からOSAKAへの移動分と，原点からTOKYOへの移動分を足し合わせたもの」という意味を持てるからだ。

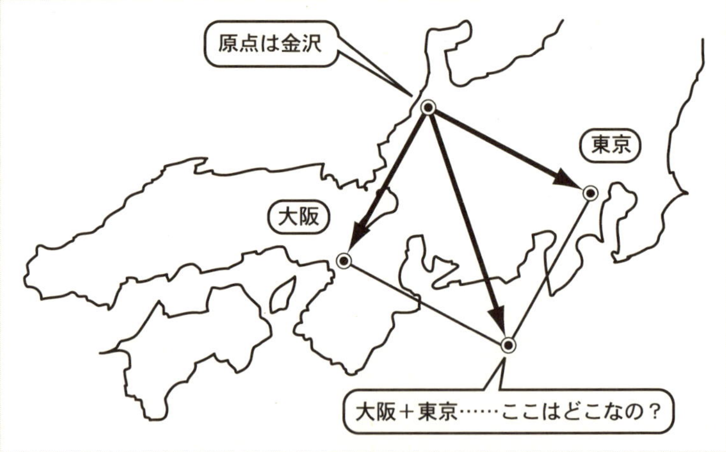

少し似ているのが「カネ」の世界。何でも「お金に換算すれば」数字として足し引きできる。大根＋ビール，電車賃＋昼メシ，人命－保険．．．．など。「世の中なんでも数(かず)でっせ～」という人々と「世の中なんでも金(カネ)でっせ～」という人々，実は同じ人種かもしれない。

◇◇ベクトルの内積◇◇

二つのベクトル $\boldsymbol{r}_\mathrm{Q}$ と $\boldsymbol{r}_\mathrm{P}$ の差 $\boldsymbol{d}=\boldsymbol{r}_\mathrm{Q}-\boldsymbol{r}_\mathrm{P}$ の長さ（の2乗）を計算してみよう。

$$
\begin{aligned}
|\boldsymbol{d}|^2 &= (x_\mathrm{Q}-x_\mathrm{P})^2+(y_\mathrm{Q}-y_\mathrm{P})^2+(z_\mathrm{Q}-z_\mathrm{P})^2\\
&= (x_\mathrm{Q})^2-2x_\mathrm{Q}x_\mathrm{P}+(x_\mathrm{P})^2\\
&\quad+(y_\mathrm{Q})^2-2y_\mathrm{Q}y_\mathrm{P}+(y_\mathrm{P})^2\\
&\quad+(z_\mathrm{Q})^2-2z_\mathrm{Q}z_\mathrm{P}+(z_\mathrm{P})^2
\end{aligned}
\tag{14}
$$

これを，見慣れた項――$\boldsymbol{r}_\mathrm{Q}$ と $\boldsymbol{r}_\mathrm{P}$ の長さ――と，それ以外の項に分ける。

$$
\begin{aligned}
|\boldsymbol{d}|^2 &= (x_\mathrm{Q})^2+(y_\mathrm{Q})^2+(z_\mathrm{Q})^2\\
&\quad+(x_\mathrm{P})^2+(y_\mathrm{P})^2+(z_\mathrm{P})^2\\
&\quad-2(x_\mathrm{Q}x_\mathrm{P}+y_\mathrm{Q}y_\mathrm{P}+z_\mathrm{Q}z_\mathrm{P})\\
&= |\boldsymbol{r}_\mathrm{Q}|^2+|\boldsymbol{r}_\mathrm{P}|^2-2(x_\mathrm{Q}x_\mathrm{P}+y_\mathrm{Q}y_\mathrm{P}+z_\mathrm{Q}z_\mathrm{P})
\end{aligned}
\tag{15}
$$

この「おつり」の部分に出て来る $x_\mathrm{Q}x_\mathrm{P}+y_\mathrm{Q}y_\mathrm{P}+z_\mathrm{Q}z_\mathrm{P}$ を「$\boldsymbol{r}_\mathrm{Q}$ と $\boldsymbol{r}_\mathrm{P}$ の**内積**（ないせき）」と呼び・（ドット）記号を使って $\boldsymbol{r}_\mathrm{Q}\cdot\boldsymbol{r}_\mathrm{P}$ と書く[5]。改めて書き直すと，

ベクトルの内積　$\boldsymbol{r}_\mathrm{Q}=\begin{pmatrix}x_\mathrm{Q}\\y_\mathrm{Q}\\z_\mathrm{Q}\end{pmatrix}$ と $\boldsymbol{r}_\mathrm{P}=\begin{pmatrix}x_\mathrm{P}\\y_\mathrm{P}\\z_\mathrm{P}\end{pmatrix}$ の内積は

$$
\boldsymbol{r}_\mathrm{Q}\cdot\boldsymbol{r}_\mathrm{P}=\begin{pmatrix}x_\mathrm{Q}\\y_\mathrm{Q}\\z_\mathrm{Q}\end{pmatrix}\cdot\begin{pmatrix}x_\mathrm{P}\\y_\mathrm{P}\\z_\mathrm{P}\end{pmatrix}=x_\mathrm{Q}x_\mathrm{P}+y_\mathrm{Q}y_\mathrm{P}+z_\mathrm{Q}z_\mathrm{P}
\tag{16}
$$

という具合に，二つのベクトルの内積は成分ごとの積を合計したものになる。**内積を含む数式をノートに書き写す時には，くれぐれも・（ドット）を抜かさないように。うっかり抜かすと，まさに「画竜点睛（がりょうてんせい）を欠く」状態になる。**

ここで気になるのが内積の正体。どんな意味を持っているのだろうか？

O，P，Q を頂点に持つ三角形を考えると，その意味が明らかになる。ユークリッド幾何学の教科書を開くと，ピタゴラスの定理を少し拡張した「余弦定理」として

---

[5] 数学では内積を（$\boldsymbol{r}_\mathrm{Q}$，$\boldsymbol{r}_\mathrm{P}$）と書く。物理と数学は兄弟のようなもので，似てはいても細かい所が少しずつ違う。（ウルトラの兄弟みたいなものかな？）

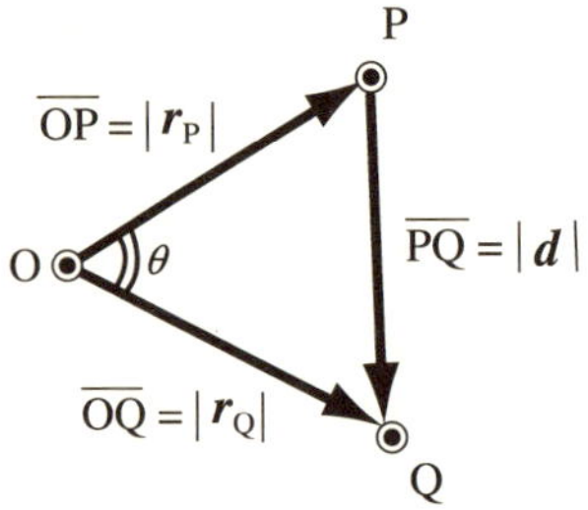

余弦定理

$$
\begin{aligned}
|\boldsymbol{d}|^2 &= (\overline{\mathrm{PQ}})^2 \\
&= (\overline{\mathrm{OP}})^2 + (\overline{\mathrm{OQ}})^2 - 2\overline{\mathrm{OP}}\,\overline{\mathrm{OQ}}\cos\theta
\end{aligned}
$$

$$|\boldsymbol{d}|^2 = (\overline{\mathrm{PQ}})^2 = (\overline{\mathrm{OP}})^2 + (\overline{\mathrm{OQ}})^2 - 2\,\overline{\mathrm{OP}}\,\overline{\mathrm{OQ}}\cos\theta \tag{17}$$

と書かれた一行を見付ける。但し，角度 θ は辺 OP と辺 OQ の間の角度である。$\overline{\mathrm{OP}} = |\boldsymbol{r}_\mathrm{P}|$，$\overline{\mathrm{OQ}} = |\boldsymbol{r}_\mathrm{Q}|$，および $\overline{\mathrm{PQ}} = |\boldsymbol{r}_\mathrm{Q} - \boldsymbol{r}_\mathrm{P}| = |\boldsymbol{d}|$ に注意して，式(15)と(17)を見比べると，内積というものは

内積の正体

$$\boldsymbol{r}_\mathrm{Q}\cdot\boldsymbol{r}_\mathrm{P} = |\boldsymbol{r}_\mathrm{Q}||\boldsymbol{r}_\mathrm{P}|\cos\theta \tag{18}$$

という量であることがわかる。内積は二つのベクトルが「どれくらい同じ方向を向いているか？」を示す量で，直交する（$\theta = \pi/2$）ベクトル間の内積は（$\cos\pi/2 = 0$ により）ゼロになる。例えばこんな具合に。

$$\boldsymbol{e}_\mathrm{X}\cdot\boldsymbol{e}_\mathrm{Y} = \boldsymbol{e}_\mathrm{Y}\cdot\boldsymbol{e}_\mathrm{Z} = \boldsymbol{e}_\mathrm{Z}\cdot\boldsymbol{e}_\mathrm{X} = 0 \tag{19}$$

えっ，内積というものの御利益をあまり感じないって？　ま～今すぐ何かに使える訳ではないけど，一つくらい利用法を書いておこう。少し変型した式

$$\cos\theta = \frac{\boldsymbol{r}_\mathrm{Q}\cdot\boldsymbol{r}_\mathrm{P}}{|\mathbf{r}_\mathrm{Q}||\mathbf{r}_\mathrm{P}|} = \frac{\boldsymbol{r}_\mathrm{Q}}{|\boldsymbol{r}_\mathrm{Q}|}\cdot\frac{\boldsymbol{r}_\mathrm{P}}{|\boldsymbol{r}_\mathrm{P}|} = \boldsymbol{e}_\mathrm{Q}\cdot\boldsymbol{e}_\mathrm{P} \tag{20}$$

を余弦定理に代入すると，三角形の 3 辺の長さを測る**だけ**で，辺の間の角度も求められる（っちゅうか予言（余弦）できる）ことがわかる。土地の測量などには，なかなか使えるのだ。他にも

●ベクトル $\boldsymbol{r} = \begin{pmatrix} x \\ y \\ z \end{pmatrix}$ とそれ自身の内積を取ると，$\boldsymbol{r}\cdot\boldsymbol{r} = x^2+y^2+z^2 = r^2$ と，長さの2乗になる。また，$\boldsymbol{r}\cdot\boldsymbol{r}$ のことを $\boldsymbol{r}^2$ と書く習慣がある

●$\boldsymbol{e}_\mathrm{X}\cdot\boldsymbol{r} = x$，$\boldsymbol{e}_\mathrm{Y}\cdot\boldsymbol{r} = y$，$\boldsymbol{e}_\mathrm{Z}\cdot\boldsymbol{r} = z$ のように，単位ベクトルと内積を取ると「その単位ベクトルの方向への成分」が得られる

成分への分解

$$\begin{aligned}\boldsymbol{r} &= (\boldsymbol{e}_\mathrm{X}\cdot\boldsymbol{r})\,\boldsymbol{e}_\mathrm{X} + (\boldsymbol{e}_\mathrm{Y}\cdot\boldsymbol{r})\,\boldsymbol{e}_\mathrm{Y} + (\boldsymbol{e}_\mathrm{Z}\cdot\boldsymbol{r})\,\boldsymbol{e}_\mathrm{Z} \\ &= x\boldsymbol{e}_\mathrm{X} + y\boldsymbol{e}_\mathrm{Y} + z\boldsymbol{e}_\mathrm{Z} \qquad (21)\end{aligned}$$

といった性質があって，後からいろいろとお世話になる。

◇◇2次元〜無限次元のベクトル◇◇

今まで縦に三つ成分が並んだベクトルを考えて来たのだけど，実は2個以上なら何個並べたものでもベクトルと呼んで，成分の個数をベクトルの次元という[6]。「ベクトル解析」では，普通は3次元ベクトルしか扱わないのだけど，もっと高い次元のベクトルを扱う分野もある。代表的なものが相対性理論で，4次元のベクトルを扱う。次元が4までなら，何とか苦し紛れに $\boldsymbol{r} = \begin{pmatrix} x \\ y \\ z \\ w \end{pmatrix}$ と4番目の成分 w を使って書けるけど，それ以上になると文字が足らなくなるので「上付き添え字」を使って上から i 番目の成分を記号 x^i で表す。つまり $\boldsymbol{r} = \begin{pmatrix} x^1 \\ x^2 \\ x^3 \\ \vdots \end{pmatrix}$ などと表すのだ。相対性理論

[6] 懺悔（ザンゲ）その1：物理で「次元」という言葉は，少なくとも2通りの意味で使われる。一つは「1次元，2次元」など空間の次元数に，もう一つは「質量の次元はM」という風な，物理量を区別する為の次元。コレをぐちゃぐちゃに覚えてしまうと「時限（次元）爆弾」のように途中で混乱してしまうので，御注意。

を少し拡張したカルツァー・クライン理論では5次元のベクトルを扱い，最近流行している超弦理論——重力子(グラヴィトン)を含む全ての素粒子を一気に説明しようとする〝超〟欲張り理論——では11次元だとか26次元といった，トンデモない次元のベクトルを扱う。数学屋さんは，ブッ飛び度がもう少し上で「無限次元ベクトル」なども平気な顔で登場させる。

一方，低い方の次元は2次元が最低で，高校の理系コース向けの数学に平面上の点の位置 $\boldsymbol{r} = \begin{pmatrix} x \\ y \end{pmatrix}$ として登場するので，既におなじみかもしれない。「1次元ベクトルというものは $r = (x)$ である」とコジツケて考えることは可能だけど，あまりにも当たり前な式が延々と並ぶので，(稀な例外を除いて) 普通は1次元ベクトルというものを考察の対象にはしない[7]。

◆◆ゑくとる？？◆◆

ベクトルという言葉は，その「方向を決めるもの」という意味付けから，数学を離れて，いろいろな意味で使われる。例えば，社会的な用語としては，民衆が自由を望む声を「民主化のベクトル」などと表現する。生物学では，遺伝子を運ぶ特種なウィルスや，そのウィルスが持つ丸い形の遺伝子そのものを「運び屋」という意味でベクトルと呼ぶし，コンピューターの世界では次の作業を行うためにジャンプする飛び先のアドレス (～場所) をベクトルと呼ぶ。そもそもベクトルという用語は，ハミルトンが1849年に発表した論文に使われたのが最初らしくて，ラテン語のvectum (英語のcarrier，bearerに相当) が語源だとか。それならば，記号♂の矢印は「子孫へのベクトル」を表しているのだろうか？

---

[7]「場の理論」や「統計力学」の専門家は，少し悪ノリが好きで，1.5次元空間のベクトルだとか，0次元ベクトルなどゲテモノを食っては消化不良を起こすのが好きな，マゾ体質な人もチラホラ。

第 3 章

バカンスで（de）ベクトル場

女将「こちらのお席へどうぞ」

学生「えっ，テーブルにイスなんですか？　懐石料理に」

女将「モダン懐石（カイセキ）とか，懐石（カイセキ）あらモード（a la mode），最近は京都でもよ～流行ってます」

西野「混んだお昼は相席（あいせき）料理，この部屋は，テーブルに合わせてイスの背が高いから高い席（たカイセキ）料理，な～んちゃって」

学生「冬は暖炉を囲んで温たかい席（カイセキ）で，雪が見える特等席はお値段もバカ高い席（たカイセキ），参りました懐（カイ）石？」

西野「お～寒（さぶ）。...女将さん，冷房止めて障子を開けてチョ～だい！」

女将「ハイハイ，少々蒸し暑いですが，川の流れが見えて綺麗（きれい）ですよ」

学生「わ～，綺麗...じゃない川ですね。何か小さな点々が浮かんだり沈んだりしてますよ」

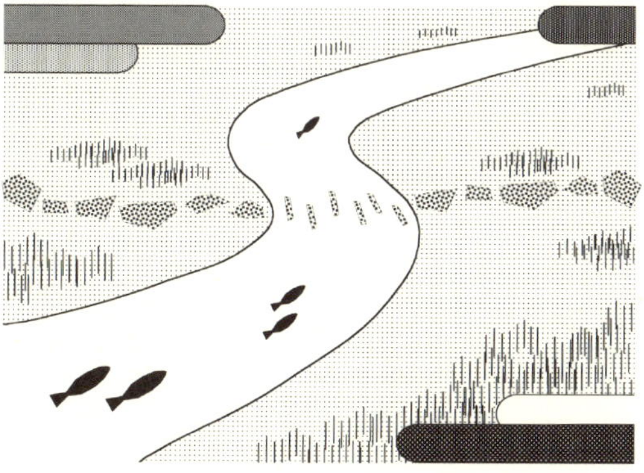

西野「ゆく川の流れは絶えずして，しかももとの水にあらず（方丈記）」

女将「オホホホ，実はもとの水なんですよ，ポンプで水を汲み上げて，庭を循環させてますの。お料理はいつもの懐石コースですね。ごゆっくりどうぞ」

―と，女将さんは奥に引っ込んだ。

学生「いつものコースって，どんな料理ですか？」

西野「皿が次々と流れるようなお味。皿が流れるといっても，回転寿司じゃナイぞ。...おお！　そうじゃ，そこの人工川を流れる点々は都合がい〜！」

学生「西野さん，唐突ですね。何に都合がい〜んですか？」

西野「点は英語で書くと dot（ドット）だから『ゆく川や　ドット（dots）流れる　濁り水』一句できた」

学生「...血が流れそうに面白くないです...」

西野「あ〜引かないで，冗談，冗談。『ベクトル場』の説明に都合がい〜んだよ〜」

―こんな調子で，ホントに本題に入れるんだろうか？

◇◇流れと速度◇◇

川の流れや風の流れをイメージしてみよう。...とは言っても，水も空気も透明だから，流れを見るには目印が必要だ。こういう時に役立つのが粉。ゴマ粒のように水に浮かんだり，砂のように沈んでしまわなければ何の粉でも良い。いや，砂糖や「人間やめる白い粉」などは水に溶けてしまうので良くない。例えば，粗挽き胡椒（コショウ）のような小さな粒が良くて，パラリ

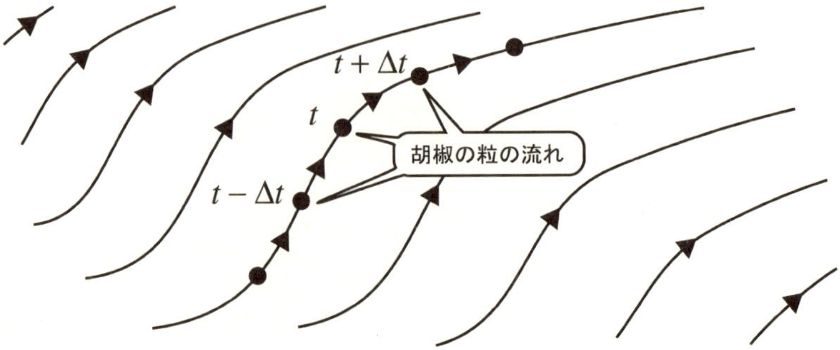

と川に放り込むと，水の流れに沿って黒い点々が移動する。

粒の流れをビデオカメラなどで撮影すると，水の流れ具合が手に取るようにわかる。さて，いっぱい流れている粒の中から，お好みの１個の粒“.”に目を付けよう。街を歩く数多くの人々から，魅力的な１人を選んで「鑑賞する」ようなものだ。時間を追って，粒の通った後に目印を付けて行くと，１本の曲線になる。これを粒の位置ベクトルを使って表すと便利なのだ。

時刻 「時間」が出て来たところで，少し脱線しよう。空間に原点を置いて点の位置を表したように，時間にも原点を定めた方が都合が良い。例えば，人々は毎年のように元旦(がんたん)を時間の原点に選んで，そこから経過した時間（１日あたり 24×3600 秒，１年はだいたい $\pi\times10^7$ 秒）で日付けを決めている。このように，原点を定めてそこから計った時間のことを時刻(じこく)と呼び，時刻(Time)の頭文字を取って記号 t で表す（時には，ギリシア文字の τ(タウ) も使う）。

粒は“.”だから，その位置ベクトルをしばらくの間 $\boldsymbol{r}.$ と，“.”を右下に添えて書こう。粒は流れに乗って刻々とその位置を変えるので，「時刻が t において $\boldsymbol{r}.$ であった」という風に時刻 t をハッキリと指定した上で位置 $\boldsymbol{r}.$ を考えなければ意味がない。そこで，例にならって「記号はできるだけ短く簡単に」という「科学者によるナマケ心の正当化法則」をあてはめて，t と $\boldsymbol{r}.$ をセットにして $\boldsymbol{r}.(t)$ と書こう[8]。これを成分表示すると

$$\boldsymbol{r}.(t) = \begin{pmatrix} x.(t) \\ y.(t) \\ z.(t) \end{pmatrix} \tag{22}$$

つまり，位置ベクトルの成分 $x.(t)$，$y.(t)$，$z.(t)$，もそれぞれ「時刻 t に関係している数」である。

この「関係している数」という言葉を「関係している数，関係している数...」と何百万回も唱えると，自然と「関係... る数，関... 数，え〜い『関数』と呼んでしまえ！」という悟りの境地に至る。但し『関数(かんかず)』

[8]間違っても $(t)\ \boldsymbol{r}$ とひっくり返したり，$\boldsymbol{r}\times(t)$ などと誤解しないように。

ではゴロが悪いので『関数(かんすう)』と読む。$x.$ も $y.$ も $z.$ も t の関数(かんすう)，つまり t に関係した数なのだ。じゃあ $\boldsymbol{r}.(t)$ はどう呼ぶか？　マジメに考えると「$\boldsymbol{r}.$ はベクトルだから，t の『関ベクトル』である」と言いたい所だけど，そうは言わずに $\boldsymbol{r}.(t)$ を『t のベクトル関数』と表現する（科学用語の定義ってイ〜加減だ！）。関数と言えば.... 図書館に潜って，戦前に出版された数学の教科書を見ると笑える。昔は「関数」を「函数」（の旧字体）と書いてたのだ。思わず「はこすう」と読みたくなってしまう。ついでに，カタカナと平仮名の使い方も今とは逆なので「からておどりノ定理(カラテオドリーの)」なんていう珍妙なモノまで印刷されている。

さて，時刻 t よりも少しだけ後の時刻 t' になると，粒の位置は流れに沿って少しだけ移動して $\boldsymbol{r}.(t')$ に到達する。この間にどれだけ動いたか？　というと，それは移動を表すベクトル

$$\boldsymbol{r}.(t')-\boldsymbol{r}.(t) = \begin{pmatrix} x.(t') \\ y.(t') \\ z.(t') \end{pmatrix} - \begin{pmatrix} x.(t) \\ y.(t) \\ z.(t) \end{pmatrix} = \begin{pmatrix} x.(t')-x.(t) \\ y.(t')-y.(t) \\ z.(t')-z.(t) \end{pmatrix} \tag{23}$$

だけ，つまり X 方向に $x.(t')-x.(t)$，Y 方向に $y.(t')-y.(t)$，Z 方向に $z.(t')-z.(t)$ 移動している（前章の式(12)で $\boldsymbol{r}_{\mathrm{P}} = \boldsymbol{r}.(t)$，$\boldsymbol{r}_{\mathrm{Q}} = \boldsymbol{r}.(t')$，と置いてみよ)。$t'$ は t よりも「少しだけ後の時刻」だったから，両者の差 $t'-t$ は小さな量である。こういう小さな差を表す記号があれば何かと便利だ。差（Difference）の頭文字 D を使ってもいいのだけど，物理屋さんはギリシア文字が好きなので Δ(デルタ) を使う。例えば時刻 t の差 $t'-t$ を

微小な時間　　$$\Delta t \equiv t'-t \tag{24}$$

と記号 Δt を使って表す。ある文字の左に Δ が付くと，その文字で表される数（または量）の変化を表す約束だ[9]。$\boldsymbol{r}.(t')-\boldsymbol{r}.(t)$ を時間差 Δt を使って書き直そう。

$$\boldsymbol{d} = \boldsymbol{r}.(t+\Delta t)-\boldsymbol{r}.(t) = \begin{pmatrix} x.(t+\Delta t)-x.(t) \\ y.(t+\Delta t)-y.(t) \\ z.(t+\Delta t)-z.(t) \end{pmatrix} \tag{25}$$

---

[9] Δt は $\Delta\times t$ ではない。

よくよく考えると，$\boldsymbol{d}$ は時間 Δt の間に粒“.”が移動した短い距離 $|\boldsymbol{d}|$ とその方向 $\boldsymbol{e}=\boldsymbol{d}/|\boldsymbol{d}|$ を表しているので，何だかムクムクっと「差を表す記号 Δ」を使いたくならないかな？　$\boldsymbol{d}$ は $\boldsymbol{r}.$ の変化だったから $\Delta\boldsymbol{r}.$ と表すのが良いだろう。$\Delta\boldsymbol{r}.$ の成分についても同様だ。

微小な移動
$$\Delta\boldsymbol{r}. = \boldsymbol{r}.(t+\Delta t)-\boldsymbol{r}.(t) = \begin{pmatrix}\Delta x.\\ \Delta y.\\ \Delta z.\end{pmatrix} \tag{26}$$

こうして Δt と $\Delta\boldsymbol{r}.$ を求めておいたのは，実は粒“.”の流れる方向と，その速さを表す準備なのだ。まず流れる方向だけど，それはおおまかに言ってベクトル $\Delta\boldsymbol{r}.$ の方向で，単位ベクトルで示すと

流れの方向
$$\boldsymbol{e}. = \frac{\Delta\boldsymbol{r}.}{|\Delta\boldsymbol{r}.|} \tag{27}$$

になる。一方，流れる速さ $v.$ は移動した距離を移動中に経過した時間で割ったもので，Δt の間に距離 $|\Delta\boldsymbol{r}.|$ だけ移動することから

流れの速さ
$$v. = \frac{|\Delta\boldsymbol{r}.|}{\Delta t} \tag{28}$$

である。方向 $\boldsymbol{e}.$ と速さ $v.$ に分けて考えるよりも，一緒にしてしまったベクトル

$$\boldsymbol{v}. = v.\,\boldsymbol{e}. = \frac{|\Delta\boldsymbol{r}.|}{\Delta t}\frac{\Delta\boldsymbol{r}.}{|\Delta\boldsymbol{r}.|} = \frac{\Delta\boldsymbol{r}.}{\Delta t} \tag{29}$$

を取り扱う方が，式が単純になる。こう定義した $\boldsymbol{v}.$ のことを，時刻 t から t' にかけての粒“.”の**速度ベクトル**または単に**速度**（velocity）と呼ぶ[10]。

上で与えた速度 $\boldsymbol{v}.$ は，実は Δt をどれくらいの大きさに選ぶかによって，その値が変わってくる。次のページの図を見てみよう。

問題点　Δt を大きく選び過ぎると，曲線で示された流れとは似ても似つかない方向に $\boldsymbol{v}.$ が向いてしまい，このような場合 $\boldsymbol{v}.$ は何の役にも立たないことがわかる。

それならば t' をどんどん t に近付ければ良いのだ。Δt を小さくして行

[10]正しくは「平均速度」と呼ぶのだけど，速度が何かを説明しない内に「平均した速度」もヘッタクレもないので，敢えて「平均」の2文字を取った。

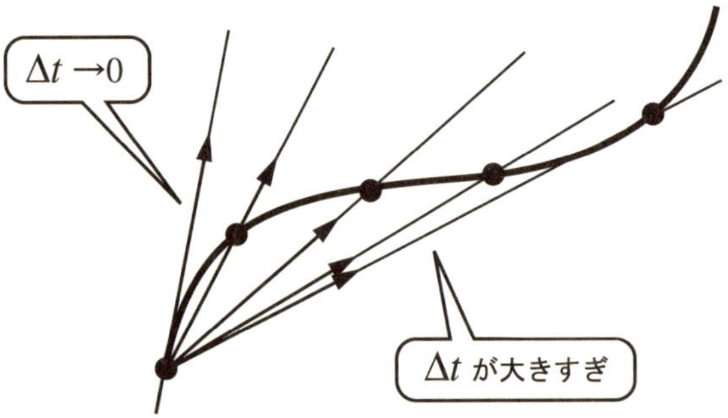

くと，$\boldsymbol{v}.$ は $\boldsymbol{r}.(t)$ を通る曲線の接線（点線で示してある）に近付いて行き，その大きさ $|\boldsymbol{v}.|$ は時刻 t 近辺での粒の（ホンマの）速さに近付いて行く。時刻 t' を t にピタっと一致するところまで近付けると，そのとき $\boldsymbol{v}.$ は「ちょうど時刻が t である時の速度」となる。これは時刻 t に関係したベクトル，すなわち t のベクトル関数だから $\boldsymbol{v}.(t)$ と書くのが良いだろう。

……と，いちいち言葉を尽くして説明するのも面倒だから，こんな風に t' を t に近付けて行く作業を「$\Delta t = t' - t$ がゼロの極限（＝limit）を取る」と言い表して $\lim_{\Delta t \to 0}$ と略記する（また始まったね，数学・物理屋さんの筆不精（ふでぶしょう）が）。この記号は次のように使って

速度と極限記号
$$\boldsymbol{v}.(t) = \lim_{\Delta t \to 0} \frac{\Delta \boldsymbol{r}.}{\Delta t} = \lim_{\Delta t \to 0} \frac{\boldsymbol{r}.(t+\Delta t) - \boldsymbol{r}.(t)}{\Delta t} \quad (30)$$

$\lim_{\Delta t \to 0}$ の右側に置かれたモノに対して Δt を充分小さく取る操作を表す。ここで大切なことは，Δt を小さくして行くと，分母 Δt も分子 $\Delta \boldsymbol{r}.$ も同時に小さくなって行くのだけど，両者の比 $\Delta \boldsymbol{r}./\Delta t$ は段々と一定値に近付いて行き，ある程度以下に Δt を小さく取ると比は Δt にあまり関係のない（一定の）ベクトルになってしまうことだ。ここまで Δt を小さく取れば $\lim_{\Delta t \to 0}$ の目的は達成されているので，何が何でも Δt をゼロにしなければならない，という訳ではない。ちょっと余分な説明かもしれないけど，どのみち Δt は非常に小さく取るので，

$$\boldsymbol{v}.(t) = \lim_{\Delta t \to 0} \frac{\boldsymbol{r}.(t+\Delta t/2) - \boldsymbol{r}.(t-\Delta t/2)}{\Delta t} \tag{31}$$

も成り立っている。実験的に「粒の速度」を測定する時には，こちらの方が Δt に対する誤差が小さいので，好んで上の式が使われる。ともあれ，時刻 t に粒 “.” が流れる速度を数式 $\boldsymbol{v}.(t) = \lim_{\Delta t \to 0} \Delta \boldsymbol{r}/\Delta t$ で表すことができた。

秘伝の，いや一子相伝の（？）記号 $\lim_{\Delta t \to 0}$ を使っても，まだ数式が少し長いと感じる人もいるだろう。もう少し簡単に書けるのならば，そうした方が「より怠けよう」という目標に一歩近付ける。もともと記号 Δ は差（=Difference）の頭文字の D に由来していた。それを $\lim_{\Delta t \to 0}$ と充分小さく取るのだから「小さいですよ」という意味を込めて，大文字 D を小文字 d に置き換えてみればどうだろうか？

つまり，$\lim_{\Delta t \to 0} \Delta \boldsymbol{r}./\Delta t$ を $\mathrm{d}\boldsymbol{r}.(t)/\mathrm{d}t$ と書いてしまって，時刻 t の速度を

速度と微分記号

$$\boldsymbol{v}.(t) = \frac{\mathrm{d}\boldsymbol{r}.(t)}{\mathrm{d}t} = \begin{pmatrix} \dfrac{\mathrm{d}x.(t)}{\mathrm{d}t} \\ \dfrac{\mathrm{d}y.(t)}{\mathrm{d}t} \\ \dfrac{\mathrm{d}z.(t)}{\mathrm{d}t} \end{pmatrix} \tag{32}$$

と表すのだ。これは「微分」と呼ばれているもので，既に習っている人も多いだろう[11]。... 何種類も新しい記号を使ったから，ひと休みして頭をスッキリさせよう。重ねて注意するけど，白い粉を吸ったり打ったりしてスッキリすると，人生お流れじゃ。

◆◆ゼロの極限は取れるか？◆◆

「Δt をドンドン小さくして，ゼロに近付けて行く」と上で書いたけど，ぶっちゃけて言うと，あまり小さくし過ぎると物理的にはマズいことが起こる。粒の動きを顕微鏡で拡大して，よ〜く観察すると，実は曲線というよりはジグザグな折れ線運動をしていることが知られているからである。

[11] まだ習ってない人は「ゼロから学ぶ微分積分」（小島寛之: 講談社）を買って読もう！

この現象は，発見者の名前を取って「ブラウン運動」(Brown) と呼ばれている。Δt を滅茶苦茶小さく取ると，結局はこのジグザグ運動の方向が表に出て来て，流れの方向とは関係ない向きの速度が出て来るのだ。

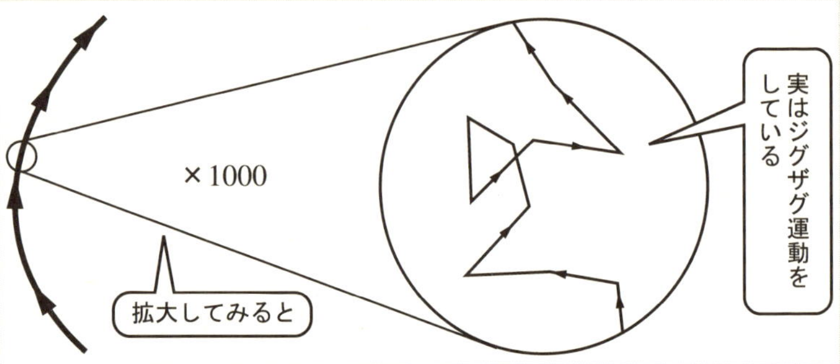
×1000
拡大してみると
実はジグザグ運動をしている

従って，ジグザグが見えない程度に $\Delta \boldsymbol{r}$ は大きくなければならないし，Δt も本当にゼロにまでは持って行けない。前世紀——20 世紀を前世紀と呼ぶ日が来るとは思わなかった——の物理的な発展は，ほぼ例外なく「ホンマにゼロの極限，取れるンか〜？」という疑問から出発している。そういう時代だったのだろう。新世紀 21 は「ホンマに無限大の極限，取れるンか〜？」という時代になるかもしれない（ツァリス (Tsallis) という人がこの方面での注目株）。ちなみに，ブラウン運動について理論的に説明を与えたのは，かの有名なアインシュタイン (Einstein) だ。どこにでも出て来るね，あの舌を出したオッチャンは。

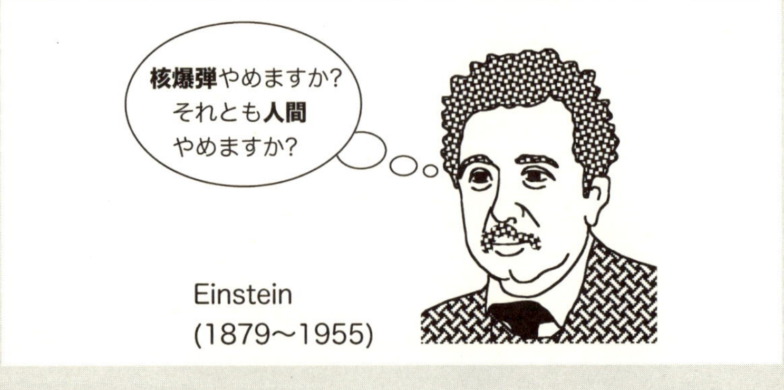
核爆弾やめますか？
それとも**人間**
やめますか？
Einstein
(1879〜1955)

懐石 a la 問答

―チャポン，と小さな音が２人の耳に入った。庭に目を向けると...

学生「あ，小さなコイが」

西野「おっ，粒“.”を食ったぞ。あの粒はコイの餌（えき）だったのか」

学生「川魚って，いつも同じ場所に止まってますね」

西野「流れに逆らって泳ぐ習性があるらしいね。流れがゆるやかな所では，魚もゆ～っくり泳いでるし，狭い早瀬では飛ぶように」

学生「あら本当，魚の泳ぎ方を見るだけで，流れの速さがわかりますね」

西野「場所によって流れる速さが違うんだね。ちょっと改まって『流れは場所の関数』なんて言うと，カッコいいかな？」

学生「どこがカッコい～んですか？」

西野「う～ん（汗），それはフィ～リングっちゅ～もんで...」

―中年オジサンがフィ～リングなんて持ち合わせているのだろうか？

西野「...ホレ場（ば）の関数（かんすう），縮めて言えば場関数（バカンス），夏はバカンスに出掛けるに限る，そう思わないかい？」

学生「メチャメチャ苦しいですよ，その駄洒落は...」

―沈没しかかった西野を救うかのごとく，女将さんが料理（向（むこう）づけ）を運んで来た。

女将「コイの洗い（あらい）です」

学生「**あら い**～ですね～...もしかして，庭のコイじゃないですよね？」

女将「さあ，どうかしら？　西野さんがよく御存知ですよ」

西野「コイの秘密は語るべからず」

学生「西野さんと女将さんはコイ仲なんですね？」

西野「なんか誤解されそうだな～。ところで女将さん，水の流れが一番速い場所はどこなんですか？」

女将「水を汲み上げるポンプの出口ですよ。そういえば今朝も１匹，吸い込み口に引っ掛かったコイがいましたっけ，オホホホホ。ごゆっくりお召し上がり下さい」

―蒸し暑さが消し飛んだ一瞬であった。

◇◇場所を固定して眺める流れ◇◇

さっきは，ある粒“.”に目を付けて，その流れを追った。こうすると，水が流れ下る速度はわかるのだけど，粒は時間とともに流れ去ってしまうので「流れの速い所，ゆっくりした所」という具合に，流れを場所に関係付けるにはちょっと不都合だ。同じ流れるものとして風を例に取ると，天気概況で「大阪では北の風 3.3 [m/sec]，神戸では...」などと報じられるように「ある地点での流れの速さ」というものは，刻々と位置を変える粒を追って行く以上に実用的な価値がある。そこで今度は視点を変えて，川の中を泳ぐ魚のように（?）ある一点にジ〜っととどまって，流れを観察してみよう。

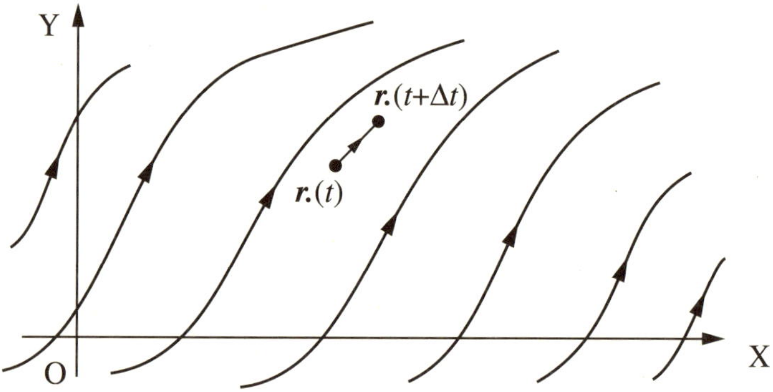

さて，小さな粒“.”をピンセットのような物で挟んで持っていれば，いつでも好きな時刻に好きな場所から粒を流すことができる。粒が充分小さければ，離した瞬間から流れに乗って流れ下って行く[12]。さて，粒を放す場所の位置ベクトルを $\boldsymbol{r}$ と書こう。もしお好みなら $\boldsymbol{r}_{\text{(tsubu o hanasu tokoro)}}$ と書いてもいいけど，長ったらしいから添え字を省略しよう。時刻 t に粒を放すと，その時の粒の位置 $\boldsymbol{r}.(t)$ はもちろん $\boldsymbol{r}$ に等しい。それから Δt だけ時間が経過すると，粒は $\boldsymbol{r}.(t+\Delta t)$ へと移動する。粒が流れる速度 $\boldsymbol{v}.$を使うと

[12]ピンセットが流れに与える影響や，粒の質量の影響などは無視している。

$$\boldsymbol{r}.(t+\Delta t) \fallingdotseq \boldsymbol{r}+\boldsymbol{v}.\,\Delta t \tag{33}$$

と表せる。ここに登場する $\boldsymbol{v}.$ というものは，よ〜く考えると「観測点 $\boldsymbol{r}$ で時刻 t に感じる流れの速度」であって，粒を流すことによって「それが目に見えた」だけのことだから，もう“.”印は取り去って $\boldsymbol{v}$ と書こう：$\boldsymbol{r}.(t+\Delta t) = \boldsymbol{r}+\boldsymbol{v}\Delta t$。また流れの速度（流速）$\boldsymbol{v}$ は観測点の位置 $\boldsymbol{r}$ と時刻 t に「関係した量」だから，$\boldsymbol{r}$ と t の関数である。それならば，

位置と時刻の関数

$$\boldsymbol{v}(\boldsymbol{r},\ t) = \begin{pmatrix} v_{\mathrm{X}}(\boldsymbol{r},\ t) \\ v_{\mathrm{Y}}(\boldsymbol{r},\ t) \\ v_{\mathrm{Z}}(\boldsymbol{r},\ t) \end{pmatrix} \tag{34}$$

と書き表すのが良い。もちろん X 成分 $v_{\mathrm{X}}(\boldsymbol{r},\ t)$，Y 成分 $v_{\mathrm{Y}}(\boldsymbol{r},\ t)$，Z 成分 $v_{\mathrm{Z}}(\boldsymbol{r},\ t)$ も $\boldsymbol{r}$ と t の関数だ。こういう風に，空間中のあらゆる場所で値を持つ関数のことを，物理屋さん達はカッコつけて「場（ば）」と呼ぶ習性がある（どこがカッコい〜んだろうか？）。この習性に従って $\boldsymbol{v}(\boldsymbol{r},\ t)$ は「速度ベクトル場」と呼ばれる。

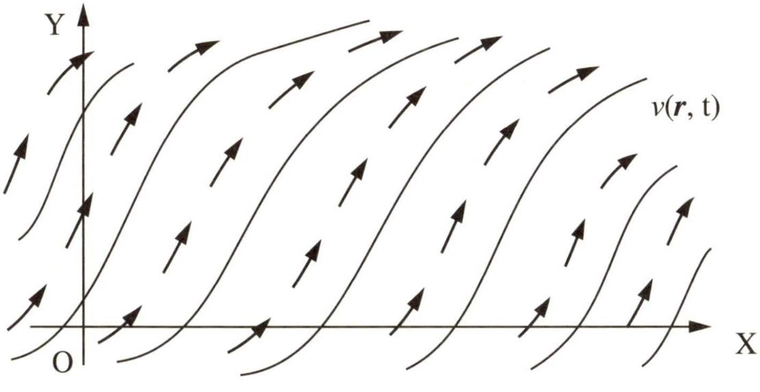

◇◇回転するバケツの中◇◇

「流れはベクトル関数 $\boldsymbol{v}(\boldsymbol{r},\ t)$ で表せます」と説明されても，なかなかイメージが湧いて来ないかもしれない。具体例を一つ考えてみよう。目を閉じて，頭の中に轆轤（ろくろ）とバケツを想像する。轆轤（ろくろ）と言えば，陶芸教室で使

う丸い台で，粘土を置いてクルクルと回転させる，アレのことだ。轆轤(ろくろ)が無ければ回転するイスでも，回転する中華料理のテーブルでも，ともかく回転する台なら何でも良い。

イメージを壊さないように，ここより先の文章は目を閉じたままお読み下さい。まず，バケツに水をくんで参りまして，轆轤(ろくろ)の上に載せます。そして一定の「速さ」で轆轤(ろくろ)とその上のバケツをクルクルと回し続けますと，だんだんとバケツの水も同じ「速さ」で回転を始めます。こうして，約10分ほどさらに回し続けますと，水は完全にバケツと一体になって，グルグルと回る状態に落ち着きます。さあ目をお開け下さい。あれ，お客さん，お眠りになられては困ります，これからが本題なのですから。

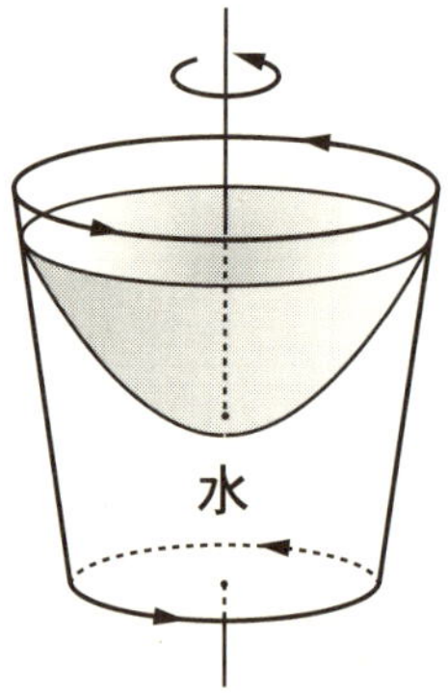

回転の速さを表す場合，洗濯機やエンジンだと「毎分○回転」という具合に，1分間あたりの回転数を使う。日常生活では，この「毎分○回転」([rpm]＝rotation(回転) per(毎) minute(分)) という単位が便利なのだけど，物理ではちょっと違った単位「毎秒○ラジアン」を使う[13]。

[13] 理系人間と文系人間を簡単に判別する良い方法があって，紙に「ラジアン」と書いたものをパッと3秒間見せた後で「ナニ書いてた～？」と質問するのである。ラジアンと答えたら理系人間，アラジンと答えたら文系人間である。「アラジン！」という答えが帰って来たら，即座に「アラジンやアラヘンで～」と返すべし。

[14] 角度についての速度と考えられるので ω は角速度と呼ばれる

角度の単位ラジアン　ラジアン(radian)——省略して［rad］と書く——とは，π［rad］つまり 3.14159... ラジアンがちょうど 180 度になるような角度の単位。1［rad］は 57.2958... 度になる。何故こんなヘンテコな単位を使うのだろうか？　半径 r で頂角 θ の扇形を考える時，扇の「丸い外周」の長さ s を $s=r\theta$ と簡単に書けて便利だからなのだ。

回転の速さに戻ると 1［rad/sec］というのは 1 秒(sec.)間にちょうど 1［rad］だけ回って，約 6.3 秒で 1 回転する速さになる。そのまま回し続けると，1 年で 502 万回くらい回転する。

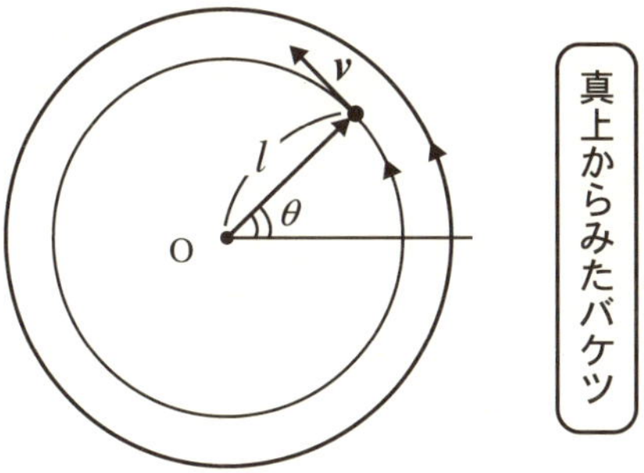

さて，バケツの回転する速さを 1 秒につき ω(オメガ) ラジアン，つまり，ω［rad/sec］だとしよう[14]。ギリシア文字 ω(オメガ) は「いかにもグルグル回ってますよ」という雰囲気を持っているので，回転を表す場合によく使われる。回転軸とバケツの底が交わる点を原点に取って，図のように座標を定めた上で，位置 $\boldsymbol{r}$ での流れの速度 $\boldsymbol{v}(\boldsymbol{r},\ t)$ を考えよう。下準備として

回転軸からの距離　$$\ell=\sqrt{x^2+y^2} \tag{35}$$

を導入して位置ベクトルを次のように書き直しておく。

円柱座標　$$\boldsymbol{r}=\begin{pmatrix} x \\ y \\ z \end{pmatrix}=\begin{pmatrix} \ell\cos\theta \\ \ell\sin\theta \\ z \end{pmatrix} \tag{36}$$

ここで θ は観測点から回転軸に下した垂線と X 軸の間の角度である。このように ℓ, θ, z の組み合わせで位置を表す方法は「円柱座標」と呼ばれている。さて，時刻 t に位置 $\boldsymbol{r}$ から粒“.”を離すと，微小な時間 Δt の後に粒は $\Delta\theta = \omega\Delta t$ だけ軸回りを回転して，位置

$$\boldsymbol{r}.(t+\Delta t) = \begin{pmatrix} \ell\cos(\theta+\Delta\theta) \\ \ell\ \sin(\theta+\Delta\theta) \\ z \end{pmatrix}$$

に到達する。その速度は $\Delta\boldsymbol{r}. = \boldsymbol{r}.(t+\Delta t) - \boldsymbol{r}.(t)$ を Δt で割ったもので，三角公式を使うと次のように表される。

$$\boldsymbol{v}. = \frac{\Delta\boldsymbol{r}.}{\Delta t} = \left\{\begin{pmatrix} \ell\cos(\theta+\Delta\theta) \\ \ell\ \sin(\theta+\Delta\theta) \\ z \end{pmatrix} - \begin{pmatrix} \ell\cos(\theta) \\ \ell\ \sin(\theta) \\ z \end{pmatrix}\right\}\cdot\frac{1}{\Delta t} \tag{37}$$

$$= \frac{\ell}{\Delta t}\begin{pmatrix} \cos(\theta)\cos(\Delta\theta)-\sin(\theta)\sin(\Delta\theta)-\cos(\theta) \\ \sin(\theta)\cos(\Delta\theta)+\cos(\theta)\sin(\Delta\theta)-\sin(\theta) \\ 0 \end{pmatrix}$$

これに $\sin(\Delta\theta)\sim\Delta\theta = \omega\Delta t$ と $\cos(\Delta\theta)\sim 1$ を代入すると，$\boldsymbol{r}$ を出発した直後の粒の速度は

$$\boldsymbol{v}. = \frac{\Delta\theta}{\Delta t}\begin{pmatrix} -\ell\sin(\theta) \\ \ell\ \cos(\theta) \\ 0 \end{pmatrix} = \begin{pmatrix} -\omega y \\ \omega x \\ 0 \end{pmatrix} \tag{38}$$

と簡単な形で表せる。まとめると，回転するバケツの中の，位置 $\boldsymbol{r}$ での流れは，時刻 t に関係しないベクトル関数

$$\boldsymbol{v}(\boldsymbol{r},\ t) = \boldsymbol{v}\left(\begin{pmatrix} x \\ y \\ z \end{pmatrix},\ t\right) = \begin{pmatrix} -\omega y \\ \omega x \\ 0 \end{pmatrix} \tag{39}$$

で表される。こういう場合には $\boldsymbol{v}(\boldsymbol{r})$ と t を省略することも多い。じゃあ，時刻 t によって変化する流れって，どういうものか？　というと，例えば洗濯機の中の水の流れのように，一定時間ごとに回転が反転する場合を思い浮かべれば良いだろう。

◆◆恐いもの知らずの集団◆◆

回転するバケツの水面をよ～く見ると，凹(へこ)んでお椀の底のような曲面になっている。これは「放物面」と呼ばれる曲面で，天体望遠鏡の反射鏡と全く同じ形をしている。だから，バケツの中に水銀をタップリ入れて回転させると，本当に天体望遠鏡を作ることもできる。なかなか理想的な放物面が得られて，星がクッキリと映るのだ。但し，常に真上しか観測できないので，例えば北極星を捕らえようと思うと北極まで行かなければならない。ついでに，水銀は有害なので取り扱いに細心の注意が必要である。堅気(カタギ)の人間は近付かない方がいい。いわゆる「研究者」という人種は，こういうアブナイ物にも平気で手を出す，ある意味では恐いもの知らずの集団かもしれない。

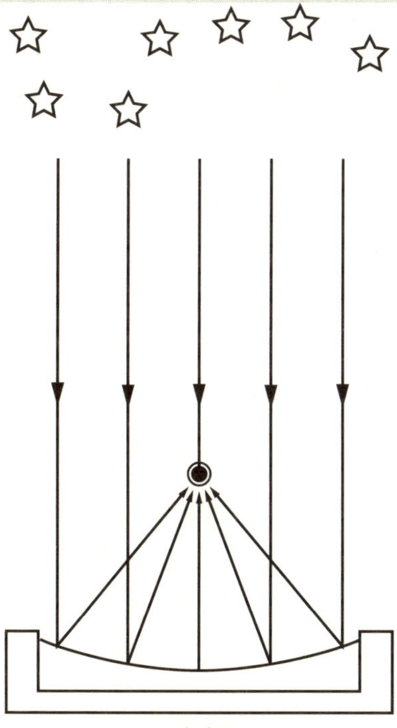

懐石 a la 問答

―懐石料理では「向こう付け」と一緒に味噌汁と小盛りの御飯も出る。何回でも「お代わり」できるのだが，適当な所で断らないと次の皿が来る前に満腹してしまって沈没する。

学生「美味しいですね，このお椀。小海老(こえび)も泳いでますよ!!」

西野「ミソの粒々を眺めてると，流れがよくわかるね。ホラ，こうして箸を入れてかき混ぜると，回転流のでき上がり」

学生「西野さん！　箸で遊ぶのは不作法ですよ！」

西野「まあ，そう堅いことは言わないで。ベクトル場を目で見るのじゃ。そういえば，流れは水に限ったことではないぞ，ホレ，渦巻く流れが見えるだろう」

―と言って頭のテッペンを指差す西野であった。

学生「え？　どこが渦巻きなんですか？」

西野「ツムジの回りに黒髪が渦巻いてないかな？」

学生「...毛が無いです...」

―西野の手からポロリと箸が落ちた。頭のテッペンの『薄さ』というものは，人に言われるまで気付かないものである。

西野「う～，また生えて来るよう神に祈ろう。『神(髪)の啓示(毛維持)』に努めなければ。黒髪の流れをベクトル場に見立てるのはちょっと無理があったかな？」

学生「無理^2(ムリムリ)じゃないですか？　それに黒髪より茶髪やブロンドが好きなんでしょ，西野さん？」

西野「亜麻色(あまいろ)の髪の乙女(おとめ)がヨイ！」

―亜麻色？　ワシは黒髪の方が好みじゃ。

西野「髪や肌の色のように，ベクトル場にもいろいろとあるゾ，と言いたかっただけなのだ。電場 $\boldsymbol{E}(\boldsymbol{r}, t)$ や磁場 $\boldsymbol{B}(\boldsymbol{r}, t)$ はどうかな？　両方とも『場』と書いてあるとおり，ベクトル場だよ」

学生「電磁気ですか～？　もう一度ゼロから学ばないと...，いったい『場』って，何なんですか？」

西野「何なんでしょ～ね～，現代物理の最先端の一つが『場.の理論』と呼ばれるもので，それはね，」

学生「あれ，何か小さな点が付いてませんか？『場.』のあたりに」
西野「どれどれ，虫眼鏡で拡大してみようか。あっ，白黒シマ模様の小さなお客さんがいる！」

場の理論

学生「プッ，『場蚊（バカ）の理論』ですって！」
西野「『場』って何もわかってないんだ。株の『相場』みたいなものかな？」
学生「だから，西野さんでも研究できるんですね」
―思わずニンマリする西野であった。うっかり人から尊敬されたりしたら，自由奔放な生活を続けられなくなって，後が大変やけんの～（讃岐弁)。西野に代わって，もう一つ単純なベクトル場を挙げておこう。位置ベクトル $\boldsymbol{r}$ というものも，よ～く考えれば実はベクトル場の一種と考えられる。というのも，点 P の場所をベクトル $\boldsymbol{r}_{\mathrm{P}}$ で表すのが位置ベクトルだったから，空間中のあらゆる点について「その位置を表すベクトル」というものを対応付けたものが位置ベクトルで，それはまさにベクトル場なのだ。無理矢理書くと $\boldsymbol{r}(\boldsymbol{r}) = \boldsymbol{r}$ となる。当たり前すぎて，何の御利益も感じないかもしれないけど，一番簡単なベクトル場の例として，ときどき引き合いに出される。

ついでに脱線すると，ベクトル $\boldsymbol{a}$ の X，Y，Z 成分は a_{X}，a_{Y}，a_{Z} と書くのが普通だからこれに従えば位置ベクトル $\boldsymbol{r}$ の成分も r_{X}，r_{Y}，r_{Z} と表示するのが記号の約束的にはスッキリしている。但し $r_{\mathrm{X}} = x$，$r_{\mathrm{Y}} = y$，$r_{\mathrm{Z}} = z$ であることは自明なので普通は $\boldsymbol{r} = \begin{pmatrix} x \\ y \\ z \end{pmatrix}$ を使う。

◆◆不動点定理◆◆

式 (39) の流れ $\boldsymbol{v}(\boldsymbol{r})$ をよく見ると，回転軸上 $x = y = 0$ では速度がゼロになっていることに気付くだろう。当たり前と言えば当たり前のことなのだけど，バケツの中で時刻 t に関係しないような流れ $\boldsymbol{v}(\boldsymbol{r})$ を作ると，必ずどこかに $\boldsymbol{v} = \boldsymbol{0}$ となる所ができてしまう。こういう点のことを「不動点」と呼んで，不動点が必ず存在することを証明するのが数学者の好きな「不動点定理」だ。こういう澱(よど)んだ場所には何故かゴミがたまり易い。プールに人の輪を作って，みんなで一定方向にグルグルと回ると，人につられて水も回転する。すかさず全員がプールから上がって，ひと晩放置しておくと，あくる朝にはプール中央に見事な毛玉が沈んでいる。（ちぢれた毛が適度に混ざっているので玉になるらしい。）不動点も使い方次第。

第 4 章

偏微分でナブラ汗

学生「一杯どうぞ」

西野「いっぱい飲むと酔っぱらって天井が傾くから，少しだけネ」

学生「傾くのは西野さんの方でしょ？　あれ，私まだ飲んでないのに，何だかテーブルが傾いているような感じ」

西野「どれどれ，ちょっとかがんで，テーブルの足を見てみよう」

学生「西野さん！　どこ見てるんですか!!」

一困った雰囲気に勘付いて，ササッと女将さんがやって来た。

女将「御飯とお味噌汁のお代わりはいかがですか？」

西野「美味しいです，もう少しずつ下さい」

学生「ここ，傾いてるんですか？」

女将「地震の時に地面ごと床が傾いてしもたんです」

学生「こんなに傾くんですか？　地震で？」

西野「大きな地震が来ると，飴（あめ）のように地面が伸び縮みして，平らだった所もボコボコになっちゃうよ。ここも一時は屋台骨（やたいぼね）が傾いて...」

女将「最近はボチボチお客さんも戻って来てくれはります」

一商売人が『ボチボチ』と言う時には，それなりに商売繁盛しているものだ。飯を盛ったら，ササっと去って行く女将さんであった。

西野「このテーブル，どっちに傾いてるかな？」

学生「庭の方に向かって，少しだけですね」

西野「『方向：庭向き』，『大きさ：少し』，はんなりとベクトルの香りがしないかな～？」
―「ほんのり」と「はんなり」を混同してるな～。うかつに京言葉を使うと馬脚を露呈するので要注意。
学生「また唐突にベクトルなんですね」
西野「ベクトルはベクトルでも，傾き，つまり勾配（こうばい）を表すので『勾配ベクトル』と呼ばれる」
学生「どんなベクトルなのですか？」
西野「それはこうバイ。この辺（へん）の地図，見てみんしゃい（北九州モード）」
―とポケットから地図を出す西野。何でも出て来る異次元ポケットだ。

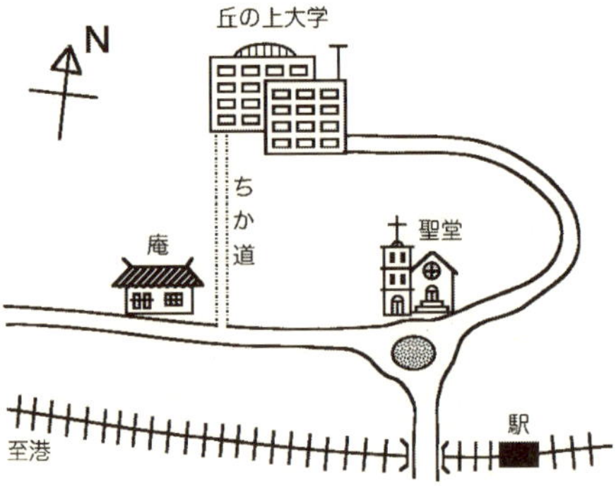

西野「庵の前を東西に通る車道と，南北に伸びる登山道があるね。地図上で水平に L メートル進むと h メートル高さが増すような道の勾配は，比 h/L で表すんだ。この比が大きいほど急勾配。地図を読み取ると，登山道の勾配は 0.18，車道の方は 0.05。登山道の方が勾配が大きいバイ」
学生「どっちの道も丘の上の大学に通じてますね」
西野「そうそう，両方とも通学路だね。同じ登るにしても，急勾配な方が眺めが良くていい」
学生「怪し～いですよ，何の眺めがいいのかしら？」
西野「それは見上げる美しき人々のぁんょ...」
―またまたササッとやって来る女将さんであった（以後 100 回くり返す）。もう西野には任せておけないので，サッサと説明してしまおう。

◇◇関数の傾きと微分◇◇

アップ・ダウンはあっても，まっすぐ同じ方角に走っている道を思い浮かべよう。道の登り降りを表すには，地図に書いてある標高を使うのが自然だろう。標高とは，近くの海の干潮と満潮をならした平均的な海面から何メートル登っているかを表す数値なので，座標の原点Oとしては暗に「平均的な海面と同じ高さの，ある点」を選んでいる。

さて，原点Oから水平に x だけ進んだ所の（地面の）標高を h と書くと，その地点の標高は図のように x の関数 $h(x)$ だと考えられる。

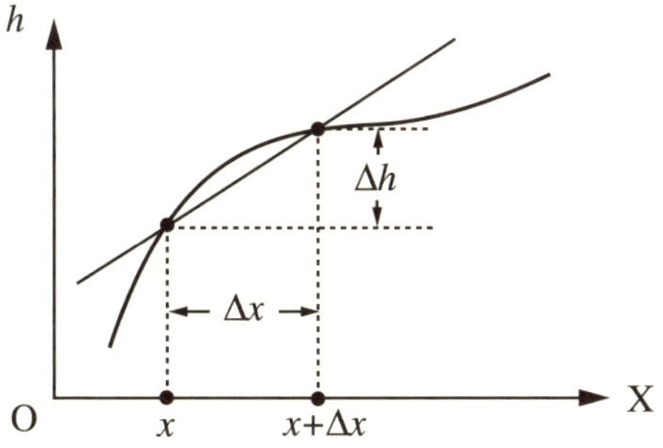

この場所の $\boxed{\text{勾配} = \dfrac{\text{垂直に登った距離}}{\text{水平に進んだ距離}}}$ を求めてみよう。原点から水平距離 x 進んだ点の高さは，$h(x)$，もう少し，Δx だけ進んだ点の高さは，$h(x+\Delta x)$ だから，勾配は

$$\frac{h(x+\Delta x)-h(x)}{\Delta x}=\frac{\Delta h}{\Delta x} \tag{40}$$

と表せる。このまま Δx を充分に小さく取って行く，つまり $\lim\limits_{\Delta x \to 0}$ を取ると

微分で表した勾配

$$\frac{\mathrm{d}h(x)}{\mathrm{d}x}=\lim_{\Delta x \to 0}\frac{h(x+\Delta x)-h(x)}{\Delta x} \tag{41}$$

となり，結局，地点 x での勾配は $h(x)$ の微分 $\mathrm{d}h(x)/\mathrm{d}x$ に等しい。

日常生活では，屋根やノルディック・スキーのジャンプ台のように，傾きを水平からの角度 θ で表すのが普通なので，θ と勾配の関係を知っておくことは大切だ。角度 θ の坂道を Δx だけ進むと，図のように，$\Delta h = \Delta x \tan\theta$ 登るので，角度 θ の道の勾配は $\Delta h/\Delta x = \tan\theta$ になる。例えば，坂道が 30 度の登りならば勾配は $\tan(\pi/6) = 1/\sqrt{3} \fallingdotseq 0.577$，45 度ならば $\tan(\pi/4) = 1$ と，角度の増加とともに勾配も大きくなって行き，垂直な絶壁 $\theta = \pi/2$ で勾配は $\tan(\pi/2) = \infty$ と無限大になる。X 軸の正の方向に降って行く坂道の勾配は，負の値を取る。

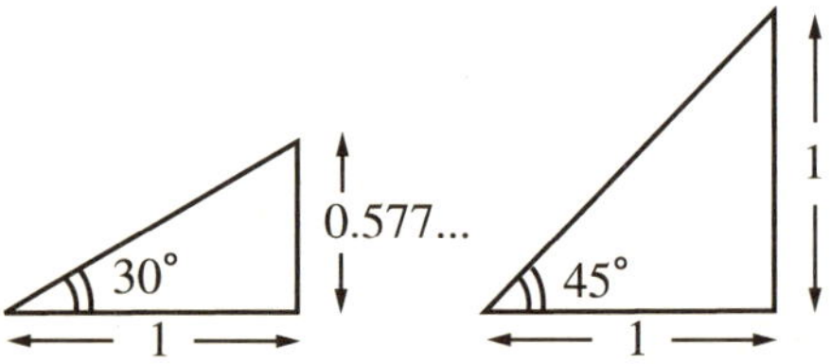

◆◆物理の微小量◆◆

微分に関しては，物理と数学で少し考え方が違う。数学の立場から言うと，$\lim_{\Delta x \to 0}$ は本当に Δx をゼロに持って行くことを意味するのだけど，物理の場合は本当にゼロには持って行かない。

それは何故か？

アスファルト鋪装した道を思い浮かべよう。表面には一面に，1［cm］くらいの細かいデコボコがあって，Δx を1［mm］などという小さな値に取れば，モロにそのデコボコを拾ってしまうのだ。道の勾配を実際に「感じる」のは，道を通る自動車や，そこを歩く人々だから，Δx として「ふさわしい値」というものは，常識から言って1［m］くらいだろう。仮に道を鏡のように

磨き上げたとしても，その表面を電子顕微鏡で拡大して見れば原子がパチンコ玉のように並んでいて，やっぱりデコボコであることに変わりはない。物理で取り扱う微小量というものは，常に「使用目的」というものがあって，何か関数の微分を計算する場合には「使用目的にふさわしい大きさの微小量」を使って関数の勾配を求めるべきなのだ。

◇◇山の斜面と方向微分◇◇

今度は，斜面をいろいろな方向に進む時の勾配をとおして「斜面の傾き」の本質を探ってみよう。その為には，まず斜面を数式で表す必要がある（こういう作業を業界用語で「斜面を数式に乗せる」と言う）。斜面の様子を，立体地図を見つつ頭に入れて行くと，わかり易いかもしれない。

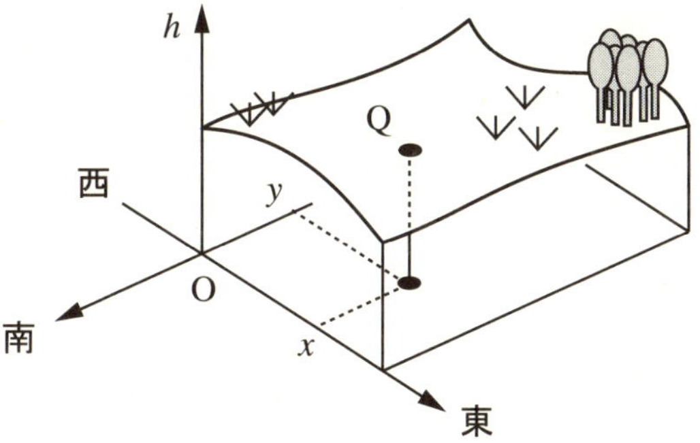

点Qは原点Oから東に x [m]，北に y [m]進んで，さらに h [m]登った所にある。高さを z ではなくて h と書いたのは，高さ(height)の頭文字を使って「高さだよ〜」という雰囲気を出すためで，他意はない。x と y を与えれば必ず h の値が決まってしまうので[15]，標高 h は x と y の関数であることがわかる。これを $h(x, y)$ と書いても良いのだけど，x と y をひとまとめにして $\boldsymbol{q} = \begin{pmatrix} x \\ y \end{pmatrix}$ と，Qの水平位置を表す2次元ベクトル $\boldsymbol{q}$ で表すと，$h(\boldsymbol{q})$ とチョッピリ短く書けて便利だ。

---

[15] 洞窟や地下道などがあれば，この限りではないのだけど，今はそういったややこしい例外は考えないことにする。

(下準備)　さてQを出発して，斜面を真上から見てX軸方向（つまり，東）へ$\Delta x = \varepsilon \cos\theta$，Y軸方向（つまり，北）に向かって$\Delta y = \varepsilon \sin\theta$進んだ点をQ′と書こう。ギリシア文字$\varepsilon$（イプシロン）は，小さな量を表す際によく使われる。Q′はQから距離

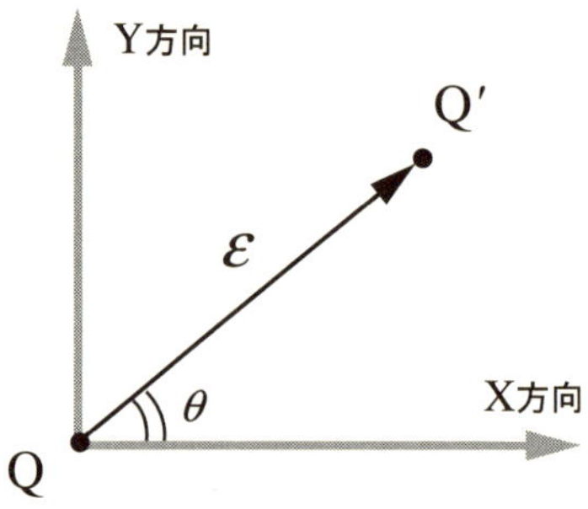

$$\sqrt{\Delta x^2+\Delta y^2} = \sqrt{\varepsilon^2\cos^2\theta+\varepsilon^2\sin^2\theta} = \sqrt{\varepsilon^2(\cos^2\theta+\sin^2\theta)} = \varepsilon \quad (42)$$

だけ離れていて，QからQ′に向かう道筋$\overline{\mathrm{QQ'}}$はX軸から角度θだけ反時計回りに回った方角を向いている。これから考えるのは，$\overline{\mathrm{QQ'}}$に沿っての勾配だ。QからQ′への移動量を2次元ベクトルで表すと

$$\Delta \boldsymbol{q} = \begin{pmatrix}\Delta x \\ \Delta y\end{pmatrix} = \begin{pmatrix}\varepsilon\cos\theta \\ \varepsilon\sin\theta\end{pmatrix} = \varepsilon\begin{pmatrix}\cos\theta \\ \sin\theta\end{pmatrix} = \varepsilon\,\boldsymbol{e}_\theta \quad (43)$$

となる。$\boldsymbol{e}_\theta$と書いたのは水平面上でθ方向を向いた2次元の単位ベクトルで，とくに$\theta = 0$と$\theta = \pi/2$の場合は

$$\boldsymbol{e}_0 = \begin{pmatrix}1 \\ 0\end{pmatrix},\quad \boldsymbol{e}_{\pi/2} = \begin{pmatrix}0 \\ 1\end{pmatrix} \quad (44)$$

とX軸方向およびY軸方向を向いているので，それぞれ$\boldsymbol{e}_\mathrm{X}$および$\boldsymbol{e}_\mathrm{Y}$と書こう。これらを使うと，一般の$\boldsymbol{e}_\theta$を

$$\boldsymbol{e}_\theta = (\boldsymbol{e}_\mathrm{X}\cdot\boldsymbol{e}_\theta)\,\boldsymbol{e}_\mathrm{X}+(\boldsymbol{e}_\mathrm{Y}\cdot\boldsymbol{e}_\theta)\,\boldsymbol{e}_\mathrm{Y} = \cos\theta\,\boldsymbol{e}_\mathrm{X}+\sin\theta\,\boldsymbol{e}_\mathrm{Y} \quad (45)$$

と分解して表せて，これが後で役に立つ。結局のところQ′の水平位置は

$$\boldsymbol{q}+\Delta\boldsymbol{q} = \boldsymbol{q}+\varepsilon\boldsymbol{e}_\theta = \boldsymbol{q}+\varepsilon\cos\theta\,\boldsymbol{e}_\mathrm{X}+\varepsilon\sin\theta\,\boldsymbol{e}_\mathrm{Y} \quad (46)$$

と指定できて，Q′の標高は次のように書ける。

$$h(\boldsymbol{q}+\varepsilon\boldsymbol{e}_\theta) = h(\boldsymbol{q}+\varepsilon\cos\theta\,\boldsymbol{e}_\mathrm{X}+\varepsilon\sin\theta\,\boldsymbol{e}_\mathrm{Y}) \quad (47)$$

準備が整ったので$\overline{\mathrm{QQ'}}$に沿っての勾配を計算しよう。定義に従って登った高さを進んだ距離で割ると，勾配が得られる。

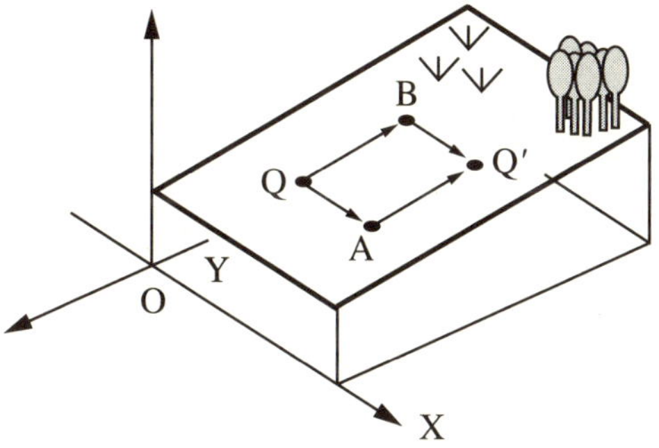

Q から Q′ への勾配

$$\frac{\Delta h}{|\Delta \boldsymbol{q}|}=\frac{h(\boldsymbol{q}+\Delta \boldsymbol{q})-h(\boldsymbol{q})}{|\Delta \boldsymbol{q}|}=\frac{h(\boldsymbol{q}+\varepsilon \boldsymbol{e}_\theta)-h(\boldsymbol{q})}{\varepsilon} \tag{48}$$

なんちゅ〜か，もうひと工夫ほしいな〜。

ε を充分に小さく取ってあれば，Q から Q′ にかけての斜面は近似的に平面を傾けたものになっていることに注目しよう。Q から X 方向に Δx 進んだ点を A とすると，Q から A へは

Q から A への登り $$h(\boldsymbol{q}+\Delta x\ \boldsymbol{e}_\mathrm{X})-h(\boldsymbol{q}) \tag{49}$$

だけ登っている。これを，一つ前の式に出て来る Δh と区別して $\Delta_\mathrm{X} h$ と書こう。同じように，Q から Y 方向に Δy 進んだ点を B とすると，Q から B へは

Q から B への登り $$\Delta_\mathrm{Y} h=h(\boldsymbol{q}+\Delta y\ \boldsymbol{e}_\mathrm{Y})-h(\boldsymbol{q}) \tag{50}$$

だけ登っている。進む距離と登った高さは（ほぼ）比例するから，$\Delta_\mathrm{X} h$ は Δx に，$\Delta_\mathrm{Y} h$ は Δy に比例している。ところで，もう一度図を見ると B から Q′ に登る経路 $\overline{\mathrm{BQ'}}$ は，Q から A に登る経路 $\overline{\mathrm{QA}}$ を平行移動したものだと一発で（？）わかるだろう。また A から Q′ への登りも，Q から B への登りに等しい。

$$h(\boldsymbol{q}+\Delta x\ \boldsymbol{e}_\mathrm{X}+\Delta y\ \boldsymbol{e}_\mathrm{Y})-h(\boldsymbol{q}+\Delta y\ \boldsymbol{e}_\mathrm{Y}) \fallingdotseq h(\boldsymbol{q}+\Delta x\ \boldsymbol{e}_\mathrm{X})-h(\boldsymbol{q}) \tag{51}$$

これを使うと Q から Q′ への登り Δh は次のように分解できる。

$$
\begin{aligned}
\Delta h &= h(\boldsymbol{q}+\Delta x\ \boldsymbol{e}_{\mathrm{X}}+\Delta y\ \boldsymbol{e}_{\mathrm{Y}})-h(\boldsymbol{q}) \\
&= h(\boldsymbol{q}+\Delta x\ \boldsymbol{e}_{\mathrm{X}}+\Delta y\ \boldsymbol{e}_{\mathrm{Y}})-h(\boldsymbol{q}+\Delta y\ \boldsymbol{e}_{\mathrm{Y}})+h(\boldsymbol{q}+\Delta y\ \boldsymbol{e}_{\mathrm{Y}})-h(\boldsymbol{q}) \\
&= h(\boldsymbol{q}+\Delta x\ \boldsymbol{e}_{\mathrm{X}})-h(\boldsymbol{q})+h(\boldsymbol{q}+\Delta y\ \boldsymbol{e}_{\mathrm{Y}})-h(\boldsymbol{q}) \\
&= \Delta_{\mathrm{X}}h+\Delta_{\mathrm{Y}}h \qquad (52)
\end{aligned}
$$

何のことはない，$\overline{\mathrm{QQ'}}$ の登りは $\overline{\mathrm{QA}}$ の登りと $\overline{\mathrm{QB}}$ の登りを足したものだという，ごく当たり前な関係を数式で——それも長々と——書いたに過ぎない。この「登りの分解」を勾配の定義式 (48) に代入しよう。

勾配の分解

$$
\begin{aligned}
\frac{\Delta h}{|\Delta \boldsymbol{q}|} &= \frac{\Delta_{\mathrm{X}}h+\Delta_{\mathrm{Y}}h}{|\Delta \boldsymbol{q}|} = \frac{\Delta_{\mathrm{X}}h}{\varepsilon}+\frac{\Delta_{\mathrm{Y}}h}{\varepsilon} \qquad (53) \\
&= \frac{h(\boldsymbol{q}+\varepsilon\cos\theta\ \boldsymbol{e}_{\mathrm{X}})-h(\boldsymbol{q})}{\varepsilon}+\frac{h(\boldsymbol{q}+\varepsilon\sin\theta\ \boldsymbol{e}_{\mathrm{Y}})-h(\boldsymbol{q})}{\varepsilon}
\end{aligned}
$$

ここで $\Delta_{\mathrm{X}}h$ は Δx に，$\Delta_y h$ は Δy に比例している量だったから $\cos\theta$ や $\sin\theta$ をカッコの外に引っぱり出せて

$$
\frac{\Delta h}{|\Delta \boldsymbol{q}|} = \cos\theta\left\{\frac{h(\boldsymbol{q}+\varepsilon\boldsymbol{e}_{\mathrm{X}})-h(\boldsymbol{q})}{\varepsilon}\right\}+\sin\theta\left\{\frac{h(\boldsymbol{q}+\varepsilon\boldsymbol{e}_{\mathrm{Y}})-h(\boldsymbol{q})}{\varepsilon}\right\} \qquad (54)
$$

と「X 方向への勾配の $\cos\theta$ 倍」と「Y 方向への勾配の $\sin\theta$ 倍」に分離できる。ε を小さくする極限 $\lim_{\varepsilon\to 0}$ を取れば，Q′ は Q にドンドン近付いて行き，地点 Q の θ 方向の傾きが求まる。上の式の右辺は長い式なので新しい記号を導入しよう。それは**偏微分**(へんびぶん)と呼ばれているもので

$$
\begin{aligned}
&\boxed{x\ \text{方向の偏微分}} \quad \lim_{\varepsilon\to 0}\frac{h(\boldsymbol{q}+\varepsilon\boldsymbol{e}_{\mathrm{X}})-h(\boldsymbol{q})}{\varepsilon} = \frac{\partial h}{\partial x}\ \text{又は}\ \frac{\partial}{\partial x}h \\
&\boxed{y\ \text{方向の偏微分}} \quad \lim_{\varepsilon\to 0}\frac{h(\boldsymbol{q}+\varepsilon\boldsymbol{e}_{\mathrm{Y}})-h(\boldsymbol{q})}{\varepsilon} = \frac{\partial h}{\partial y}\ \text{又は}\ \frac{\partial}{\partial y}h
\end{aligned}
\qquad (55)
$$

と左辺を右辺のように略記するのだ。ヘンテコな記号 ∂ は round D(ラウンド ディー) (又はデル) と読んで，文字 D を丸く書いたもの。記号 $\frac{\partial}{\partial x}$ は「h は x と y の関数なのだけど，それを x だけの関数と見なして x で微分する」ということを示し，また $\frac{\partial}{\partial y}$ は「h を y だけの関数と見なして y で微分する」ことを表している。

■■ドロナワ演習・偏微分■■

xとyの関数$f(x, y) = 1+2x+3y+4x^2+5xy+6y^2$を例にとって，偏微分$\dfrac{\partial}{\partial x}f$と$\dfrac{\partial}{\partial y}f$を計算してみよう。まず$\Delta_X f$と$\Delta_Y f$を求めてみると

$$\begin{aligned}\Delta_X f &= f(x+\Delta x, y)-f(x, y)\\ &= 2\Delta x+8x\Delta x+4(\Delta x)^2+5(\Delta x)y\\ \Delta_Y f &= f(x, y+\Delta y)-f(x, y)\\ &= 3\Delta y+5x\Delta y+12y\Delta y+6(\Delta y)^2\end{aligned} \qquad (56)$$

を得るから，偏微分はそれぞれ

$$\frac{\partial f}{\partial x} = \lim_{\Delta x\to 0}\frac{\Delta_X h}{\Delta x} = \lim_{\Delta x\to 0}(2+8x+4\Delta x+5y) = 2+8x+5y$$

$$\frac{\partial f}{\partial y} = \lim_{\Delta y\to 0}\frac{\Delta_Y h}{\Delta y} = \lim_{\Delta y\to 0}(3+5x+12y+6\Delta y) = 3+5x+12y$$

となる。$f(x, y)=(1+3y+6y^2)+(2+5y)x+4x^2=(1+2x+4x^2)+(3+5x)y+6y^2$と，偏微分する変数についてまとめておくと，よりわかりやすい....かもしれない。

[ドロナワ演習・おしまい]

偏微分記号を使うと，点Qをθ方向に通る道の勾配は

$$\cos\theta\frac{\partial h}{\partial x}+\sin\theta\frac{\partial h}{\partial y} = \begin{pmatrix}\cos\theta\\ \sin\theta\end{pmatrix}\cdot\begin{pmatrix}\dfrac{\partial h}{\partial x}\\ \dfrac{\partial h}{\partial y}\end{pmatrix} = \boldsymbol{e}_\theta\cdot\begin{pmatrix}\dfrac{\partial h}{\partial x}\\ \dfrac{\partial h}{\partial y}\end{pmatrix} \qquad (57)$$

と，方角を表す単位ベクトル$\boldsymbol{e}_\theta$と，hの偏微分を縦に並べたベクトル

傾斜を表すベクトル
$$\boldsymbol{G} = \begin{pmatrix}\dfrac{\partial h}{\partial x}\\ \dfrac{\partial h}{\partial y}\end{pmatrix} \qquad (58)$$

の内積で表せる。この2次元ベクトル$\boldsymbol{G}$が地点Qの傾斜を表す本質的な量なのだ。$\boldsymbol{G}$をその大きさ$|\boldsymbol{G}|$と方向$\boldsymbol{e}_G = \dfrac{\boldsymbol{G}}{|\boldsymbol{G}|}$に分解して，上の式に代入すると，Qから$\theta$方向へ進む道の勾配は，$|\boldsymbol{G}|\,\boldsymbol{e}_\theta\cdot\boldsymbol{e}_G$と変型できて

$\boldsymbol{e}_\theta = \boldsymbol{e}_\mathrm{G}$ のときに最大値 G を取る。つまり $\boldsymbol{G}$ は勾配が一番大きい「登り方向」に向いたベクトルで，その大きさ $|\boldsymbol{G}|$ が大きければ大きいほど，より急な斜面なのだ。

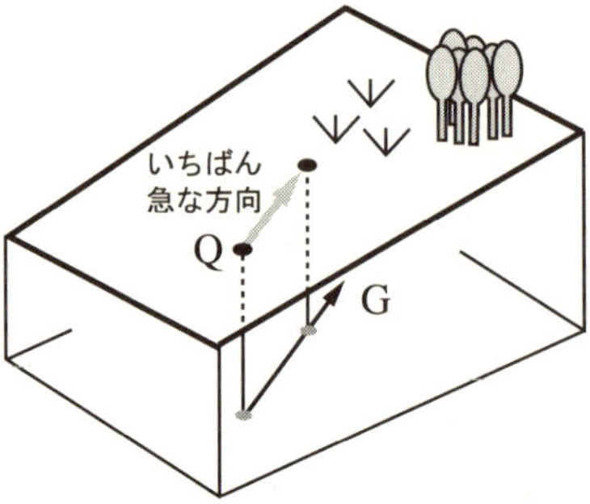

懐石 a la 問答

―ひと通り勾配の説明を終えて，ちょっとクタびれた西野である。こういう時には，生まれ故郷の言葉遣いがチラホラと。

学生「ベクトル解析って 3 次元を相手にするんですよね」

西野「そ〜じゃ，何をするにしても，相手の選び方が大切や」

学生「でも，道路は 1 次元，斜面は 2 次元じゃないですか？」

西野「低次元な話題が好きなのじゃ。まあ，頭の体操もできたし，そろそろ 3 次元に突入かの〜。キーワードはGradient（グレィディエント）じゃ」

学生「えっ？　ぐれぃでぃえんとってなんですか？」

西野「これ，ぜんぶひらがなではつおんするとよみにくい！　英検の級（グレード）とか，グラデーションという言葉は知っとるの〜」

学生「また駄洒落ですか？」

西野「言葉なんて駄洒落の積み重ねじゃけど，これはマジ。グレード（Grade）はポンポンと登る表彰台や雛壇（ひなだん）のようなものを表して，グラデーション（Gradation）ちゅ〜のは色や明るさが連続的に変化する様を示す。Gradient（グレィディエント）もその親戚で，物理ではスカラー（Scalar）関数 $\phi(\boldsymbol{r})$ が徐々に変化する勾配を指すのじゃ」

学生「スカラー（Scholar）って，辞書を引くと『学者・学ぶ人』っていう意味みたいですね」

西野「それはホンマに駄洒落。Scholar はスコラ哲学のスコラだけど，今から相手にするのは Scalar の方で語源は大きさを表すスケール，ほら『彼はスケールの大きな人だ』なんて言うでしょ」

学生「それでその，スカラー関数 ϕ の勾配ですって？」

西野「これこれ，串団子じゃなくてギリシア文字の ϕ じゃ[16]。$\phi(\boldsymbol{r})$ は場所 $\boldsymbol{r}$ に関係する量なら何でもいい」

学生「濃度や密度はどうですか？」

西野「いいですね〜。薄い霞のカス密度」

学生「イカが濃いスミを吐いたらイカス密度」

西野「草木も眠る丑三つ時...おっとこれは密度じゃなかった」

学生「ハイ西野さん，外しましたね。私の勝ち！」

西野「まいったな〜。密度の他に温度や圧力もスカラー関数 $\phi(\boldsymbol{r})$ で表せて，その勾配を考えることができる。そういえば力学でポテンシャル $U(\boldsymbol{r})$ を習ったよね。体重 m のサルが高さ h の木に登ると，そのポテンシャルは？」

学生「重力加速度が g で，え〜と mgh ですね」

西野「サルも木から，ぽって〜んと落ちる」

学生「バレバレですよ〜西野さん，ポテン・サルでしょ？！　奥技を尽くさないと私は倒せませんよ！」

ー関西人を相手に駄洒落合戦を勝ち抜くのは至難の業である。

◇◇ポテンシャル勾配と力◇◇

大学に入学して，これから何を習うのだろうか？ とワクワクしながら「力学」の講義に出席してみたら，Newton の 3 法則など「高校のおさらい」を延々と聞かされて失望する人も少なくない。しばらく『**自主休講**』して，2 〜 3 週間後に出席してみたらポテンシャル $U(\boldsymbol{r})$ という見知らぬ文字を黒板に見付けて[17]，友達からノートを借りて生協やコンビニのコ

---

[16] 男ば〜っかりの理系クラスで教える時には「これは何だろう？ ど〜っかで見たことあるよな〜...ああ串団子だった。」とトボケる。くれぐれも低次元な想像をしないように。

[17] 語源を知りたければ英和または英英辞典で Potent と Impotent を引いてみると良い。

ピー・マシンに走るのが平均的（？）な大学生活のスタートだろう。質点力学で習うのは質点の運動だけだと思っていたら，いつの間にか「点ではないもの」が登場するのだ。少し，力学的ポテンシャルの復習をしよう。

力学でお目に掛かるポテンシャル $U(\boldsymbol{r})$ は，質点が位置 $\boldsymbol{r}$ に静止しているとき「外部に行うことのできる仕事」を表す——といきなり言ってもピンと来ないだろうから，質点を $\boldsymbol{r}$ から目と鼻の先 $\boldsymbol{r}+\Delta\boldsymbol{r}$ へゆっくり移動させて，再び静止させる場合に引き出せる仕事を勘定してみよう。ポテンシャルを話題にするときには，質点に働く力 $\boldsymbol{F}$ は質点の位置のみの関数，つまり $\boldsymbol{r}$ のベクトル関数

$$\boldsymbol{F}(\boldsymbol{r}) = \begin{pmatrix} f_X(\boldsymbol{r}) \\ f_Y(\boldsymbol{r}) \\ f_Z(\boldsymbol{r}) \end{pmatrix} \tag{59}$$

だと仮定する[18]。移動量 $\Delta\boldsymbol{r}$ を適度に小さく取っておけば，移動中に質点にかかる力は，ほぼ一定で変化しないと近似して良いから，質点は

移動量と力の内積

$$W \fallingdotseq \boldsymbol{F}(\boldsymbol{r})\cdot\Delta\boldsymbol{r} \fallingdotseq \boldsymbol{F}(\boldsymbol{r}+\Delta\boldsymbol{r})\cdot\Delta\boldsymbol{r} \tag{60}$$

だけの仕事を力 $\boldsymbol{F}(\boldsymbol{r})$ から受け取る。今の場合，質点が受け取った仕事はそのまま外部——質点をつまんで移動させる手やピンセット——に流れ出るから，この移動によって最終的に（外部に）引き出せる仕事も W になる。ポテンシャルの定義は「外部に行うことのできる仕事」だったから，移動後の位置 $\boldsymbol{r}+\Delta\boldsymbol{r}$ のポテンシャル $U(\boldsymbol{r}+\Delta\boldsymbol{r})$ は移動前の $U(\boldsymbol{r})$ から「移動中に外部に行った仕事 W」だけ減少する。

ポテンシャルの変化

$$U(\boldsymbol{r}+\Delta\boldsymbol{r}) = U(\boldsymbol{r}) - \boldsymbol{F}(\boldsymbol{r})\cdot\Delta\boldsymbol{r} \tag{61}$$

右辺の $U(\boldsymbol{r})$ を左辺へ移項して，両辺を $|\Delta\boldsymbol{r}|$ で割ると

$$\frac{U(\boldsymbol{r}+\Delta\boldsymbol{r}) - U(\boldsymbol{r})}{|\Delta\boldsymbol{r}|} = \frac{\Delta U}{|\Delta\boldsymbol{r}|} = -\boldsymbol{F}(\boldsymbol{r})\cdot\frac{\Delta\boldsymbol{r}}{|\Delta\boldsymbol{r}|} \tag{62}$$

---

[18] この力は「保存力」と呼ばれる，少し厳しい条件を満たす力でなければならない。今のところ，話の本筋にあまり関係ないので深入りしないでおこう。

と，ど〜っかで見たことのある式になる。そう，$\Delta U/|\Delta \boldsymbol{r}|$ は式（48，53）の $\Delta h/|\Delta \boldsymbol{q}|$ と同じ形をしている。移動量 $\Delta \boldsymbol{r}$ を

$$\boxed{\text{大きさ}}\quad \varepsilon = |\Delta \boldsymbol{r}| \quad \text{と} \quad \boxed{\text{方向}}\quad \boldsymbol{e} = \frac{\Delta \boldsymbol{r}}{|\Delta \boldsymbol{r}|} = \begin{pmatrix} \Delta x/\varepsilon \\ \Delta y/\varepsilon \\ \Delta z/\varepsilon \end{pmatrix}$$

に分離しておくと，ΔU は式（54）と同じように分解できる。

$$\frac{\Delta U}{|\Delta \boldsymbol{r}|} = e_{\mathrm{X}}\left\{\frac{U(\boldsymbol{r}+\varepsilon \boldsymbol{e}_{\mathrm{X}}) - U(\boldsymbol{r})}{\varepsilon}\right\} + e_{\mathrm{Y}}\left\{\frac{U(\boldsymbol{r}+\varepsilon \boldsymbol{e}_{\mathrm{Y}}) - U(\boldsymbol{r})}{\varepsilon}\right\}$$
$$+ e_{\mathrm{Z}}\left\{\frac{U(\boldsymbol{r}+\varepsilon \boldsymbol{e}_{\mathrm{Z}}) - U(\boldsymbol{r})}{\varepsilon}\right\} \tag{63}$$

但し，細字の e_{X}，e_{Y}，e_{Z} は $\boldsymbol{e}$ の X，Y，Z 成分である（太字の $\boldsymbol{e}_{\mathrm{X}}$，$\boldsymbol{e}_{\mathrm{Y}}$，$\boldsymbol{e}_{\mathrm{Z}}$ は X，Y，Z 軸方向への単位ベクトル）。これを式（62）に代入して $\lim_{\varepsilon\to 0}$ の極限を取れば

$$\boldsymbol{e}\cdot\begin{pmatrix} \dfrac{\partial}{\partial x}U(\boldsymbol{r}) \\ \dfrac{\partial}{\partial y}U(\boldsymbol{r}) \\ \dfrac{\partial}{\partial z}U(\boldsymbol{r}) \end{pmatrix} = -\boldsymbol{e}\cdot\boldsymbol{F}(\boldsymbol{r}) \quad \text{つまり} \quad \begin{pmatrix} \dfrac{\partial}{\partial x}U(\boldsymbol{r}) \\ \dfrac{\partial}{\partial y}U(\boldsymbol{r}) \\ \dfrac{\partial}{\partial z}U(\boldsymbol{r}) \end{pmatrix} = -\boldsymbol{F}(\boldsymbol{r}) \tag{64}$$

を得る。左の式は $\boldsymbol{e}$ がどんな方向を向いていても成立するので右のように力 $\boldsymbol{F}(\boldsymbol{r})$ とポテンシャル $U(\boldsymbol{r})$ を直接関係付けることができたのだ。

上の式は縦に長くてスペースがもったいない。駄洒落は1行の無駄で済むけど，ザッと見て6行は無駄になっている。そこで例によって，ナマケ心がムクムクと浮かんで来る。いよいよ真打（しんうち）登場，

$$\boxed{\text{覚えよう！　これがナブラだ!!}}\qquad \nabla = \begin{pmatrix} \dfrac{\partial}{\partial x} \\ \dfrac{\partial}{\partial y} \\ \dfrac{\partial}{\partial z} \end{pmatrix} \tag{65}$$

「ナブラ」と呼ばれる下向き・太文字の三角形の出番だ。ベクトルのように見えるけれど，要素を見てわかるようにコレ自身では何の意味も持たない。後ろに $\boldsymbol{r}$ の関数，例えば $U(\boldsymbol{r})$ を持って来ると

$$\nabla U(\boldsymbol{r}) = \begin{pmatrix} \dfrac{\partial}{\partial x} \\[2ex] \dfrac{\partial}{\partial y} \\[2ex] \dfrac{\partial}{\partial z} \end{pmatrix} U(\boldsymbol{r}) = \begin{pmatrix} \dfrac{\partial}{\partial x}U(\boldsymbol{r}) \\[2ex] \dfrac{\partial}{\partial y}U(\boldsymbol{r}) \\[2ex] \dfrac{\partial}{\partial z}U(\boldsymbol{r}) \end{pmatrix} = \begin{pmatrix} \dfrac{\partial U(\boldsymbol{r})}{\partial x} \\[2ex] \dfrac{\partial U(\boldsymbol{r})}{\partial y} \\[2ex] \dfrac{\partial U(\boldsymbol{r})}{\partial z} \end{pmatrix} \tag{66}$$

とベクトル関数 $\nabla U(\boldsymbol{r}) = -\boldsymbol{F}(\boldsymbol{r})$ が得られる。こういう風に，右にある関数に働き掛けて，それを別の何かに変形する働きを持つものを，物理では**演算子**（えんざんし），数学では作用素（さようそ）と呼ぶ。演算子は必ず後に関数を従える寂しがり屋だ。$\nabla U(\boldsymbol{r})$ は前に習った坂道の勾配（式 (58)）を，そのまま 3 次元に拡張した形をしているので，$U(\boldsymbol{r})$ の勾配（グレィディエント）と呼ぶ習わしがある。英語では Gradient of $U(\boldsymbol{r})$ だけど，これを縮めて $\nabla U(\boldsymbol{r})$ を grad $U(\boldsymbol{r})$ と書くことも多い。

関数の勾配

$$\mathrm{grad}\ U(\boldsymbol{r}) = \nabla U(\boldsymbol{r}) \tag{67}$$

grad は「グラッド」と読む人が多いようだが，間違っても **glad**$U(\boldsymbol{r})$ とは書かないように。それは中学校の英語で習う〝I'm glad to see you.〟の glad。似たような間違いに grand$U(\boldsymbol{r})$ もある。しょ〜もない話ついでに一首詠もう「坂道で，ちょっと**ぐらっど**（grad）よろめけり」....

....つまづいてコケるか背中を痛めるのがオチです。急な坂道は足下に要注意!!

◆◆ナブラの形の秘密◆◆

ナブラの逆三角形は，ハープの形に似ている。ハープは，三角形の枠に弦を縦に張るだけで作れる楽器なので，笛やラッパと並んで古代からアチコチで使われた。特に，アッシリアの竪琴「ナブラ」が ∇ に似ているので，いつの間にか ∇ をナブラと読むようになった。一時は三角形 Δ（デルタ）をひっくり返して atled（アッレド）と読まれたこともあるらしい。

大昔の線画から想像するに、こんな楽器だったらしい……

◇◇スカラー場からベクトル場へ◇◇

ポテンシャル勾配は，質点の位置 $\boldsymbol{r}$ に対してベクトル $\nabla U(\boldsymbol{r})$ を対応付けるものだ。ちょっと視点を変えると，空間の任意の点 $\boldsymbol{r}$ にベクトル $\nabla U(\boldsymbol{r})$ が存在するのだと考えることもできて，こう解釈すると $\nabla U(\boldsymbol{r})$ はベクトル関数と見なせる（物理の言葉で言い表すならばベクトル場）。それじゃ～ $U(\boldsymbol{r})$ の方にも，何か名前を付けてあげないと不公平かな。一般に，$x=1.5$ や $y=\pi$ のような「ただの数」をスカラー（Scalar）と呼ぶ。「大きさ（Scale）はあっても方向（Direction）は持ち合わせていないよ～」という意味で，ベクトル（Vector）とハッキリ区別したい場合に「ただの数」をわざわざスカラーと呼ぶのだ[19]。この習慣に従うと，$U(\boldsymbol{r})$ は「スカラー関数」または「スカラー場」と呼ぶべきだろう。

---

[19] 大きさ（Scale）といっても，ゼロ以上でなければならないことはなくて，負の数でも良いし，複素数も扱うことがある。

ポイント　$U(\boldsymbol{r})$ はスカラー場，$\nabla U(\boldsymbol{r})$ はベクトル場

要するにスカラー場があれば，それに∇を作用させることによって，必ず「勾配ベクトル場」が得られるのだ。このように，∇はスカラー場からベクトル場への「懸け橋」なのだ。

いろいろなスカラー場　ただ，力学に出て来るポテンシャル $U(\boldsymbol{r})$ は，スカラー場としては直感的に理解しにくい例かもしれない。もう少し「場（ば）」の雰囲気を身近に感じられるスカラー場もある。

例えばお風呂や水槽の中の水の温度分布 $T(\boldsymbol{r},\ t)$ がソレで，時刻 t において位置 $\boldsymbol{r}$ に温度計を突っ込んだら $T(\boldsymbol{r},\ t)$ を指すということを表すスカラー場だ。温度 T がスカラー，つまり「ベクトルではない，ただの数」であることは言うまでもないだろう。温度分布 $T(\boldsymbol{r},\ t)$ に対して∇を作用させると，温度勾配 $\nabla T(\boldsymbol{r},\ t)$ が得られる。そして，「熱」というものは，温度の高い方から低い方へと伝わるから，マイナス符号をつけた $-\nabla T(\boldsymbol{r},\ t)$ は，まさに「熱が伝達される方向と，熱が伝わる度合い(速さ)」を示している。

別の例が濃度である。コップに水を入れ，角砂糖を一つ落として１日ほど（$t=1[\mathrm{day}]$）放置しておくと，下の方は濃い砂糖水になり，上の方は薄くなる。そう，砂糖の濃度 $n(\boldsymbol{r},\ t)$ も立派なスカラー場で，濃度勾配にマイナス符号を付けた $-\nabla n(\boldsymbol{r},\ t)$ は砂糖が水の中を，濃い方から薄い

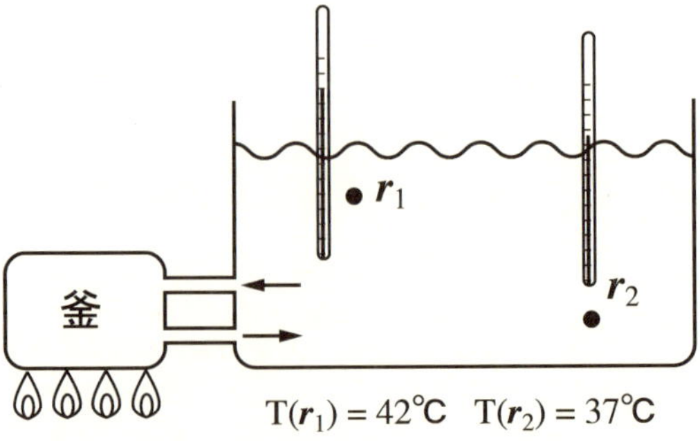

方へと広がって（拡散して）行く方向を示す。今の場合，下が濃くて上が薄いから，$-\nabla n(\boldsymbol{r},\ t)$ は至る所で上を向いたベクトル場になる。それが証拠に，ず～っと何年も待てば（t=several [years]）下から上に砂糖が万遍なく回って，コップ全体が均一な砂糖水になる。この本を読んでいる人[20]に梅酒を作った経験のある方はいるだろうか？　青梅と氷砂糖を瓶に入れて，焼酎（しょうちゅう）を注ぐ。最初は瓶の底に氷砂糖が沈んでいるけれど，3年も待てば全体が琥珀（こはく）色の美酒になる。高校3年生の初夏に漬け込むと，成人式を迎える楽しみが増すだろう（少しシラジラしかったか？）。濃度などスカラー場の時間変化については，7章で改めて議論しよう。

スカラー場とその勾配の組み合わせとしては，他にも，電圧分布 $V(\boldsymbol{r},\ t)$ と電圧勾配 $\nabla V(\boldsymbol{r},\ t)$，圧力分布 $P(\boldsymbol{r},\ t)$ と圧力勾配 $\nabla P(\boldsymbol{r},\ t)$ などいろいろなものがある。個々の具体的な問題ではなくて，スカラー場というものを抽象的に考える場合には，ギリシア文字を使って $\phi(\boldsymbol{r},\ t)$ と書き表し，その勾配を $\nabla\phi(\boldsymbol{r},\ t)$ と書くのが一般的だ。

◇◇静電ポテンシャル◇◇

もう一つ，スカラー場の例を挙げておこう。それは電磁気学で習う静電ポテンシャル $\phi(\boldsymbol{r})$。座標の原点に，大きさ q の点電荷があるとき，位置 $\boldsymbol{r}$ の静電ポテンシャルは

$$\phi(\boldsymbol{r}) = \frac{1}{4\pi\varepsilon_0}\frac{q}{|\boldsymbol{r}|} = \frac{1}{4\pi\varepsilon_0}\frac{q}{\sqrt{x^2+y^2+z^2}} \tag{68}$$

で与えられる。ε_0 は誘電率という定数なのだけど，まあ今は深入りせずに，この式を頭ごなしに信じよう。

目的は，コレの勾配を実際に計算してみること。電磁気学の教える所によると，静電ポテンシャルの勾配は「静電場」というベクトル場

静電場とポテンシャル
$$\boldsymbol{E}(\boldsymbol{r}) = -\nabla\phi(\boldsymbol{r}) \tag{69}$$

を与える（コレも信じよう）。偏微分の演習を兼ねて，$\boldsymbol{E}(\boldsymbol{r})$ のX成分を

---

[20] 御購入ありがとうございます。立ち読み中の方はレジへどうぞ。

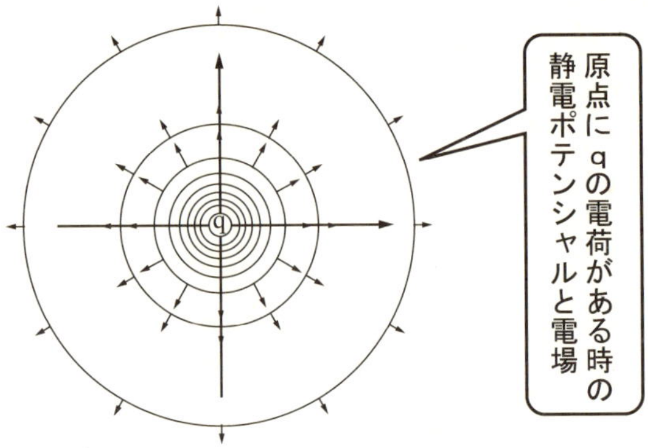
原点にqの電荷がある時の
静電ポテンシャルと電場
q

計算してみよう。合成関数や分数関数の計算方法は微分でも偏微分でも同じだ。

$$E_{\mathrm{X}}(\boldsymbol{r}) = -\frac{\partial\,\phi(\boldsymbol{r})}{\partial x}$$
$$= -\frac{q}{4\pi\varepsilon_0}\frac{\partial}{\partial x}(x^2+y^2+z^2)^{-\frac{1}{2}}$$
$$= -\frac{q}{4\pi\varepsilon_0}\left(-\frac{1}{2}\right)(x^2+y^2+z^2)^{-\frac{3}{2}}2x \tag{70}$$

ここで $r = |\boldsymbol{r}| = \sqrt{x^2+y^2+z^2}$ を使って式をまとめると

$$E_{\mathrm{X}}(\boldsymbol{r}) = \frac{q}{4\pi\varepsilon_0}\frac{x}{r^3} = \frac{1}{4\pi\varepsilon_0}\frac{q}{r^2}\frac{x}{r} \tag{71}$$

を得る。ところで x/r は単位ベクトル $\boldsymbol{r}/|\boldsymbol{r}|$ の X 成分になっていることに気付くだろうか？　$E_{\mathrm{Y}}(\boldsymbol{r})$ や $E_{\mathrm{Z}}(\boldsymbol{r})$ も同様に求まって，電場は次のようになる。

$$\boldsymbol{E}(\boldsymbol{r}) = \frac{1}{4\pi\varepsilon_0}\frac{q}{r^2}\frac{\boldsymbol{r}}{r} \tag{72}$$

原点の電荷 q に加えて，位置 $\boldsymbol{r}$ に大きさ q' の電荷を置くと，後者は原点に向かう（又は反ぱつする）力

$$q'\boldsymbol{E}(\boldsymbol{r}) = \frac{1}{4\pi\varepsilon_0}\frac{qq'}{r^2}\frac{\boldsymbol{r}}{r} \tag{73}$$

で引っ張られる。ここに出て来る因子 qq'/r^2 はクーロン(Coulomb)の法則を表す[21]。

クーロンの法則　電荷同士が引き合う力は，電荷 q と q' の積に比例し，距離 r の 2 乗に反比例する

まあこれだけ計算できれば，電磁気学の試験で「可またはC」の成績を目指すには充分だろう。(←こういう甘言を，うっかり信じるとエラい目に遇う)

◆◆密度の落とし穴◆◆

濃度とか密度って何だろうか？　と突き詰めて考えると，意外なことに気付く。例えば人口密度を例に取ろう。

地球の上に大きな輪を投げて，その中に住んでいる人々の数 N を輪の面積 S で割ったもの $n=N/S$ [人/m²] が輪の中心位置 $\boldsymbol{r}$ での人口密度である――と説明されると，何となくわかった気になる。

だが，よくよく考えてみると，何だか妙だ。直径 0.5 [m] の輪では明らかにマズい。これでは人口密度は 0 または $1/(0.5\times0.5)=4$ [人/m²]

[21] イタリア人やスペイン人に Coulomb（クーロン）と言うと，物理学者でなければ一概にみんな「ニマっ」とする。理由を知りたければ，それぞれのお国言葉の辞書を引いてみると良い。貴方も「ニマっ」とするだろう。プラスがマイナスに引き合うというのは，世の常らしい。なお，よく似た言葉「クローン」と混同しないように。

の二つの値しか取り得ないからだ。直径1［km］くらいあれば良いか？そこそこ人がウヨウヨいる所では，まあまあ良いのだが，砂漠のように滅多に人のいない所では，たまたまラクダに乗った隊商（たいしょう）が輪の中に入るかどうかで，ガラリと人口密度が変化してしまって具合が悪い。

統計学的に言うと，人口密度を計る輪の大きさは，充分多数の人数（例えば10000人）がその中に含まれる大きさである必要がある。輪の大きさが先に決まってるのではなくて，人口の分布が輪の大きさを決めるのだ。水の中の砂糖の濃度というのも似たようなもので，水分子の中に砂糖分子が「一つ一つ紛れ込んでいる」のだから，その濃度を議論する時には「砂糖分子よりも充分大きな体積を考えるのだ」という暗黙の了解がある。

■■なぶる，なぶられる■■

標準語ではあまり使われなくなったけど，「嬲る（なぶる）」という言葉がある[22]。この妙な漢字は，男がしつこく女につきまとう有り様を表しているとか[23]。

その意味は？

いまでは，「いじり回す」とか「もてあそぶ」といった意味を込めて使われることが多い。ピンと来ましたね～，$\nabla\phi$ はスカラー関数 ϕ にナブラを作用させるから「ϕ をなぶる」とベクトル関数になる，と覚え込むのも一夜漬け学習の方法だ....ちょっとした「記憶のアクセント」は楽しいものだ[24]。

一首詠もう。

「スカラー場　なぶられたら　ベクトル場」

---

[22] 名古屋近辺では今も使われていると聞く。

[23] 嫐という異字体もある。

[24] アクセント？　どう考えても悪戦苦闘だ。

第 5 章

結婚式場でダイバージェンスを見つけた!

―モダン懐石，次の皿は何だろうか？　おっ，女将さんが四角いお盆を持って来た。

女将「山海の盛り合わせ珍味をお楽しみ下さい」

学生「わ～美味しそう，港(みなと)名物のイカナゴのつくだ煮，海峡の穴子，立って歩くタコに，すぐ裏山の山菜がい～っぱい。『八寸(はっすん)』ですね。あれ？　でも順番からいうと『椀盛(わんも)り』が先じゃないんですか？」

女将「最近は，椀盛りで満腹になってしまうお客さんばかりなものですから，ちょっとした楽しみの八寸(はっすん)を先に出す所も多いんですよ」

西野「作法なんて，時の流れとともに変わるものだよ」

女将「余(ヨ)の辞書に作法という文字はナイって，いつかおっしゃってませんでしたか？」

西野「無(む)作法な世の中なら不(ぶ)作法な人もいない，平和でヨイ」

―笑いながら食器を下げ，奥に去って行く女将であった。

西野「八寸(はっすん)で思い出した。『カイセキ大辞典』をひもとくと，八寸(はっすん)の前に発散(はっさん)の２文字がある」

学生「長屋の熊(くま)さんの話し相手ですね」

西野「それは八(はっ)っあん。ベクトル解析に出て来る発散(はっさん)は，水の流れでいうと『小さな部分に流れ込む量と流れ出す量の差』みたいなものなんだ。英語ではダイバージェンス(Divergence)と呼ぶ」

学生「西野さん，今日が給料日だそうですね」

西野「そう，カミさんから今月分として3枚ほど財布に『流入』したばかり。今日の懐石料理で x 枚『流出』したら，財布からは差し引き『本日の発散量 $= x-3$』だけ大枚（たいまい）が出て行ったことになる」

学生「あ〜っ，お盆のまん中に山盛りになってるのは....」

西野「カスピ海の珍味キャビアじゃ。山盛りにして豪快に味わうのが本場の食べ方」

学生「....お勘定だいじょうぶですか？　払えなかったら破産（はっさん）しますよ」

西野「大（だ）〜ぃ丈（じょ）〜夫（ぶ）。家計が傾いたら，欲しい買い物を我慢すれば良いのじゃ。そしてデパートに徹夜で並ぶ」

学生「何を待つんですか？」

西野「大（だい）バーゲ（ジェ）ンっす」

－こういう短絡的な駄洒落が増えるのは酔いが回った証拠。

◇◇シリンダーの中で膨張する気体◇◇

プラスチック製の注射器に中程まで空気を入れて，先端をふさぐ。これをお湯につけると，中の空気が膨張して「むにょ〜っ」とピストンが押し出される。次に冷水につけると，「しゅるしゅるっ」とピストンが引っ込む。これは，理科の実験で一度は目にした光景だろう。まだ見たことがない人は，注射器を調達して[22]実験してみることをお勧めする。ピストンの運動は何度見ても飽きが来ない。この膨張・収縮は，エンジンの原理的なモデルとして，よく登場するのだけど，実はベクトル解析の大切な項目である「発散」を会得する（？）にも都合が良い。

例によってシリンダーとピストンを「数式に乗せる」作業に入ろう。図のように，底面積が $S[\mathrm{m}^2]$ のシリンダー底面に原点Oを置いて，ピストンの高さを h と書こう。シリンダーの中に入っている空気の体積は（底面積）×（高さ）だから $V = Sh[\mathrm{m}^3]$。大学受験参考書『丸暗記する物理と化学』[23]を開くと「**n モル（mol）の気体は，温度 T，圧力 P の条件下で**

---

[22] 公園のベンチ下やゴミ箱に転がってる細い注射器は，とてもアブナイので拾ったり使ったりしないように!!

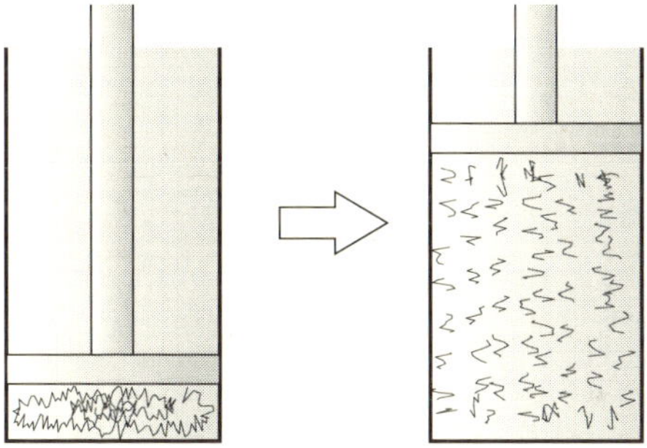

ピストンの運動

状態方程式

$$PV = nRT \tag{74}$$

を満たす。但し，比例定数 R は気体定数」と書いてあるから，これを頭から信じるならば $PV = PSh = nRT$ が成立している。これを h について解くと，

$$h = \frac{nRT}{SP} = \frac{nR}{SP}T \tag{75}$$

を得る。大気中 $P = 1$ [atm]（気圧）でシリンダーを湯で温めたり，水で冷やすことを考えていたから，右辺で変化するのは T だけ，つまり h は T の関数 $h(T)$ と考えることができる。また，温度 T は時間とともに変化するから，時刻 t の関数 $T(t)$ である。h は T の関数，T は t の関数，こういった「関数の関数」を合成関数と呼ぶ習わしがあるけど，面倒なことは抜きにしよう。右辺を時刻 t で微分すると，ピストンが上下する速さ

$$\dot{h}(t) \equiv \frac{\mathrm{d}h}{\mathrm{d}t} = \frac{nR}{SP}\frac{\mathrm{d}}{\mathrm{d}t}T(t) \tag{76}$$

が得られる。$\dot{h}(t)$ は $\frac{\mathrm{d}}{\mathrm{d}t}h(t)$ を表す記号で，このように（時間の）関数の上に・（ドット）を付けると時刻 t によって関数を微分することを意味する。この記号はニュートン（Newton）が使い始めたもので，数式の文字数を節約する効果が絶大なので，今日でも頻繁に用いられる。

---

[23] そんなの売ってないので，本屋探したり注文しないように。

ところで，状態方程式に出て来た 1 モルって何（なん）だったっけ？　再び名著『丸暗記する物理と化学』を開くと

1 モルとはアボガ〜ドロ（Avogadro）数（$= 6.0221367 \times 10^{23}$）個の分子の集まりで，分子量 A の分子 1 モルの質量は $A[\mathrm{g}]$ である

と書いてある。あまり深入りしたくないアボガドロドロした数字が並んでいるので，君子（遊び人）危うきに近寄らないことにしよう。分子量 A の気体 n モルの質量は $m = nA$ で，その質量密度 ρ（ロー）は

$$\boxed{\text{気体の密度}}\quad \rho(t) = \frac{m}{V} = \frac{nA}{nRT/P} = \frac{AP}{RT} = \frac{AP}{R}\frac{1}{T(t)} \qquad (77)$$

とモル数 n に無関係で，温度 T に反比例する量になる。ここまでが下準備。ここから先は，$h(t) = h(T(t))$ や，その時間微分 $\dot{h}(t)$ と $\rho(t) = \rho(T(t))$ しか使わないので，ちょっと準備が長過ぎたかもしれない。

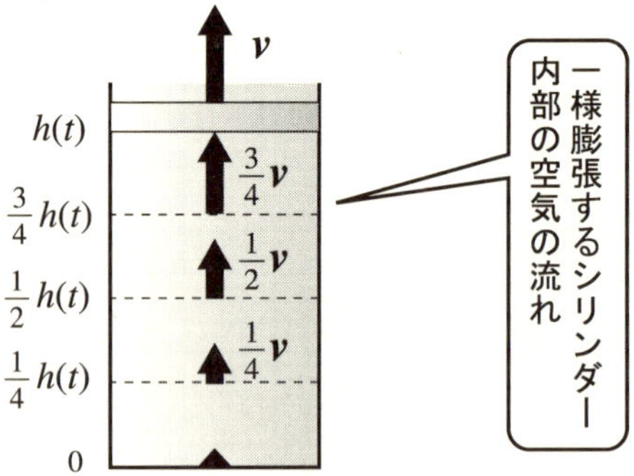

さて，T がゆっくり上昇して気体が一様に膨張する場合について，シリンダーの中の空気の流れる速度 $\boldsymbol{v}(\boldsymbol{r}, t)$ を考えてみよう。図に示したようにシリンダーの底では速度が常に 0 で，ピストンの直下の空気はピストンにくっついて速さ $\dot{h}(t)$ で動く。両者をつなぐような形で，流れの速度が

$$\boldsymbol{v}(\boldsymbol{r},t) = \begin{pmatrix} v_X(\boldsymbol{r},t) \\ v_Y(\boldsymbol{r},t) \\ v_Z(\boldsymbol{r},t) \end{pmatrix} = \begin{pmatrix} 0 \\ 0 \\ \dfrac{z}{h(t)}\dot{h}(t) \end{pmatrix} = \frac{z}{h(t)}\dot{h}(t)\,\boldsymbol{e}_Z \quad (78)$$

で与えられることは想像に難(かた)くないだろう[24]。但し，$\boldsymbol{e}_Z$ は Z 方向を向く単位ベクトルである。検算してみると，シリンダー底面 $z=0$ では自動的に $\boldsymbol{v}=\boldsymbol{0}$，ピストン直下 $z=h(t)$ では $\boldsymbol{v}=\dot{h}(t)\,\boldsymbol{e}_Z$ だから最初に考えた条件を満たしている。速度の Z 成分 $v_Z(\boldsymbol{r},t)$ は $\boldsymbol{r}$ の成分 x と y には無関係で，z のみの関数になっているから，しばらくの間 $v_Z(z,t)$ と書こう。

面を通過する気体　これから考えるのは「固定された面を通過する」空気の量だ。どんな面を考えても良いのだけど，手始めに底面と平行な面 A を考えよう。

底面からの高さを z_A とすると，そこでの流れの速さは式 (78) より $v_Z(z_A,t)$ である。時刻 t から $t+\Delta t$ の間に，面 A を下から上に通過する空気の体積 ΔV_A に着目すると，それは (面積)×(Δt の間に Z 方向に流れた距離) で与えられる。

$$\Delta V_A = S v_Z(z_A,t)\Delta t \quad (79)$$

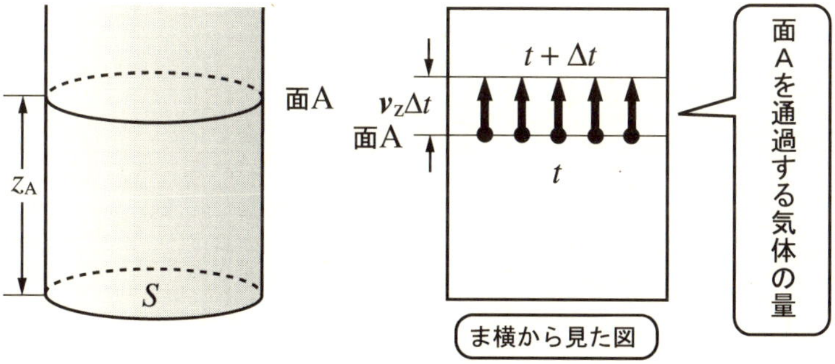

[24] 空気には「粘性(ねんせい)」というドロドロした性質があるから，細かいことを言うとシリンダーの壁面でも速度がゼロになる。ただ，ここでは細かいことは無視する。ついでに「対流」も起こらないと仮定する。

但し，Δt は充分小さいと考えて，その間の v_Z の時間に対する変化は無視した。流速のZ成分 v_Z は z に比例していたので，今の場合 ΔV_A も z_A に比例していて，面が高い位置にあればあるほど，そこを通過して行く気体の体積も多くなる。例えば，面Aから Δz だけ上に位置する面Bを通過する体積を，同じように計算してみると

$$\Delta V_B = S v_Z(z_B, t)\Delta t = S v_Z(z_A+\Delta z, t)\Delta t \qquad (80)$$

となって，$v_Z(z_A+\Delta z, t) > v_Z(z_A, t)$ だから確かに $\Delta V_B > \Delta V_A$ となっている。この「ほんの少しの差」を無視しないことが，実は重要なポイントだ。

領域から抜け出す気体　面Aと面Bに囲まれた領域Dを考えよう。微小時間 Δt の間に面Aを通ってDに流入する体積が ΔV_A で，流出するのが ΔV_B だった。流入というのは「マイナス符号の流出」と考えられるから，差し引きすると，実質的にはDから $\Delta V_B - \Delta V_A$ だけの体積が抜け出て行ったことになる。気体の密度は ρ だったから，質量で言い換えると

$$\Delta m = \rho\{\Delta V_B - \Delta V_A\} = \rho S\{v_Z(z_A+\Delta z, t) - v_Z(z_A, t)\} \qquad (81)$$

だけの気体が領域Dから出て行ったのだ。ここでも密度 ρ の時間変化は Δt が充分小さいとして無視した。領域Dの体積は

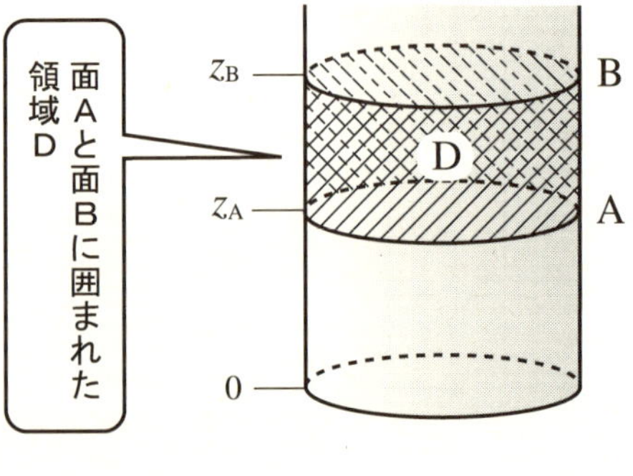

$$S(z_B - z_A) = S\Delta z \tag{82}$$

で，コレと Δm の比を取ると「領域Dから抜け出た，単位体積あたりの質量」が得られる。

$$\frac{\Delta m}{S\Delta z} = \rho \frac{v_Z(z_A + \Delta z, t) - v_Z(z_A, t)}{\Delta z} \Delta t \fallingdotseq \rho \frac{\partial v_Z}{\partial z} \Delta t \tag{83}$$

さらに両辺を Δt で割ると「領域Dから抜け出た，単位体積あたり・単位時間あたりの質量」が計算できて，v_Z の具体的な形（式（78））を代入すると次のようにまとめられる。

$$\frac{\Delta m}{S\Delta z\Delta t} \fallingdotseq \rho \frac{\partial v_Z}{\partial z} = \rho \frac{\dot{h}(t)}{h(t)} = \rho \frac{\mathrm{d}}{\mathrm{d}t} \log h(t) \tag{84}$$

右辺の $\dot{h}(t)/h(t)$ は直感的に言うと，ピストンの上昇に伴って中の空気が「引き伸ばされる率」を表している。誤解を恐れなければ「膨張率」と呼んでも差し支えないだろう。

ふむふむ，どうやら「ある領域Dから抜け出て行く量」というのは，流れの速度 $\boldsymbol{v}$ の位置 $\boldsymbol{r}$ に対する微分に関係した量らしい。流れ $\boldsymbol{v}$ がZ成分以外にX成分やY成分を持っていたら，領域Dから抜け出る体積や質量は，どう表されるのだろうか？？？

◆◆理想と現実のギャップ◆◆

実在する気体——空気だとか酸素だとか水素——は，温度 T が高ければ状態方程式 $PV = nRT$ をほぼ満たすのだけど，低温になると段々と PV が小さくなって，ついには液体になってしまう。都市ガス（LNG）を船に積んで運べるのも，この液化現象のおかげだ。

ところで物理屋さん達は $PV = nRT$ が $T = 0$ まで成立するような仮想的な気体を想像して「理想気体（ideal gas）」と呼んでいる。理想とは，すなわち実在しないものを指す。物理屋さんは異性に対しても「理想期待」を持つ人が稀（まれ）ではなくて，パートナー選びに苦労する人が多い。選んだ後も苦労するかも…

◇◇風船が膨らむ時の流れ◇◇

丘の上の眺めの良い所には，お城のような結婚式場が建っている。人生の門出を祝う誠に御目出度い場所だ。時々，お城のテラスから色とりどりの風船が放たれる。ヘリウムを詰めた，空気より軽い風船は空に吸い込まれるように昇って行く。高い所は空気が薄い，つまり気圧が低いので，風船は上昇とともに膨らんで行く。膨張する丸い風船，コレをしばらく眺めよう。

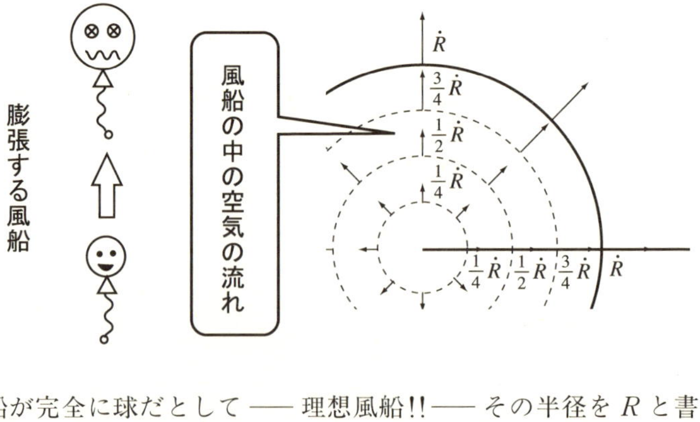

風船が完全に球だとして —— 理想風船!! —— その半径を R と書こう。その体積は $V = (4/3)\pi R^3$ だ。時刻 t とともに風船は膨張して行くから R は t の関数で，半径の増加する速度はニュートンの記号を用いると

$$\dot{R}(t) = \frac{\mathrm{d}}{\mathrm{d}t}R(t) \tag{85}$$

と書ける。風船の内側の，空気の流れを表すために，球の中心を原点にしよう。そこでは流速がゼロで，中心から離れるに従って外向きの流れが生じるはずだ。たぶんこんな関数で流れが表せるだろう。

一様な膨張

$$\boldsymbol{v}(\boldsymbol{r}, t) = \boldsymbol{r}\frac{\dot{R}(t)}{R(t)} = \begin{pmatrix} x\dfrac{\dot{R}(t)}{R(t)} \\ y\dfrac{\dot{R}(t)}{R(t)} \\ z\dfrac{\dot{R}(t)}{R(t)} \end{pmatrix} \tag{86}$$

検算すると原点 $\boldsymbol{r} = \boldsymbol{0}$ では確かに $\boldsymbol{v} = \boldsymbol{0}$ だし，風船の表面 $|\boldsymbol{r}| = R$ では

$$\boldsymbol{v} = \boldsymbol{r}\frac{\dot{R}}{R} = \frac{\boldsymbol{r}}{R}\dot{R} = \boldsymbol{e}\dot{R} \tag{87}$$

で，風船の膨張速度 $\dot{R}$ に一致している。この流れの特徴は，速度 $\boldsymbol{v}(\boldsymbol{r}, t)$ が位置ベクトル $\boldsymbol{r}$ に比例していることだ。ピストンの中で膨張する空気の流れとは違って，v_Y や v_Z もゼロではない。

微小な領域からの抜け出し さて，風船の中に小さな「立方体の領域 D」を考え，そこに流入・流出する流れを勘定してみよう。

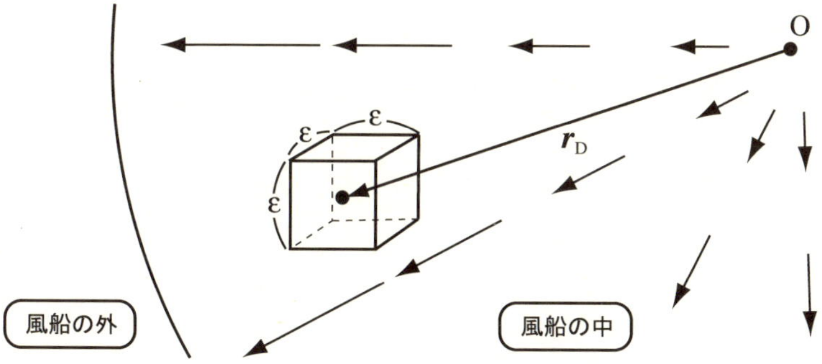

立方体の中心位置を $\boldsymbol{r}_{\mathrm{D}} = \begin{pmatrix} x_{\mathrm{D}} \\ y_{\mathrm{D}} \\ z_{\mathrm{D}} \end{pmatrix}$ とし，またその幅・奥行き・高さを ε と書こう。立方体には，上下・左右・前後に6つもの面があるのだけど，全ての面が同じ形をしているので，どれか一つについて計算すれば「残りの面についても同様」という手抜き計算ができる。どれを選んでも良いが，まず底面Sに着目することにしよう。底面Sは4つの項点

$$\boldsymbol{r}_1 = \begin{pmatrix} x_{\mathrm{D}} - \varepsilon/2 \\ y_{\mathrm{D}} - \varepsilon/2 \\ z_{\mathrm{D}} - \varepsilon/2 \end{pmatrix} \qquad \boldsymbol{r}_2 = \begin{pmatrix} x_{\mathrm{D}} + \varepsilon/2 \\ y_{\mathrm{D}} - \varepsilon/2 \\ z_{\mathrm{D}} - \varepsilon/2 \end{pmatrix}$$

$$\boldsymbol{r}_3 = \begin{pmatrix} x_{\mathrm{D}} + \varepsilon/2 \\ y_{\mathrm{D}} + \varepsilon/2 \\ z_{\mathrm{D}} - \varepsilon/2 \end{pmatrix} \qquad \boldsymbol{r}_4 = \begin{pmatrix} x_{\mathrm{D}} - \varepsilon/2 \\ y_{\mathrm{D}} + \varepsilon/2 \\ z_{\mathrm{D}} - \varepsilon/2 \end{pmatrix}$$

に囲まれていて，その面積は ε^2 である。時刻 t にちょうど $\boldsymbol{r}_1$ から $\boldsymbol{r}_4$ の位置にいた空気は，微小時間 Δt の後には，$\boldsymbol{r}_1 + \boldsymbol{v}(\boldsymbol{r}_1, t)\Delta t$ から $\boldsymbol{r}_4 + \boldsymbol{v}(\boldsymbol{r}_4, t)\Delta t$ の位置に運ばれる。従って，この間に下の左の図で囲った分量だけの空気が底面Sから立方体に流入して来たことになる[25]。例によって Δt が充分に小さいと仮定して，その間の流速 $\boldsymbol{v}$ の時間変化は無視した。

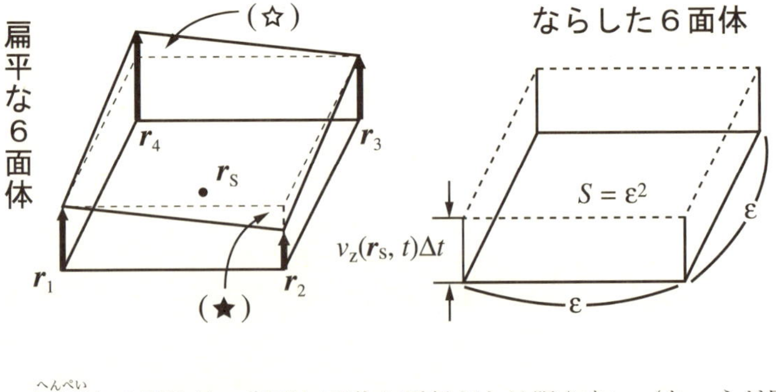

この扁平(へんぺい)な6面体は，底面と天井が平行だとは限らない（ちょうど屋根

[25] 細かいことを言うと，立方体のへりのあたりで，立方体からハミ出る部分があるけど，これはゴミのように小さいから無視する。

裏部屋のように)。こういう6面体の体積を求めるには，出っ張った所(☆)を削って引っ込んだ所(★)を埋めると良い。そうすると，天井の中央の高さと底面の面積を掛け合わせたものが，求める体積になる(四角い豆腐をナナメに切って，実験してみるとコレを「体感」できるだろう)。今の場合，底面の中央の位置が

$$\boldsymbol{r}_{\mathrm{S}} = \frac{\boldsymbol{r}_1 + \boldsymbol{r}_2 + \boldsymbol{r}_3 + \boldsymbol{r}_4}{4} = \begin{pmatrix} x_{\mathrm{D}} \\ y_{\mathrm{D}} \\ z_{\mathrm{D}} - \varepsilon/2 \end{pmatrix} \tag{88}$$

だから，天井の中央は(だいたい) $\boldsymbol{r}_{\mathrm{S}} + \boldsymbol{v}(\boldsymbol{r}_{\mathrm{S}}, t)\Delta t$ にあって，底面Sから天井中央までの高さは $\boldsymbol{v}(\boldsymbol{r}_{\mathrm{S}}, t)\Delta t$ の Z 成分 $v_{\mathrm{Z}}(\boldsymbol{r}_{\mathrm{S}}, t)\Delta t$ になる。ようやく，底面Sを通って立方体に流れ込む体積が

$$\Delta V_{\mathrm{S}} = \varepsilon^2 v_{\mathrm{Z}}(\boldsymbol{r}_{\mathrm{S}}, t)\Delta t \tag{89}$$

と求まった。実を言うと，底面SがXY平面に平行なので，面に垂直な流れの成分，つまりZ成分だけがSを通過する空気の体積に関係しているのだ。

次に，立方体の上面S′に着目しよう。S′を通って，時間 Δt の間に立方体の外へ流れ去る体積は，同じ様に計算すると

$$\Delta V_{\mathrm{S'}} = \varepsilon^2 v_{\mathrm{Z}}(\boldsymbol{r}_{\mathrm{S'}}, t)\Delta t \tag{90}$$

と求められる。但し，$\boldsymbol{r}_{\mathrm{S'}}$ はS′の中央の位置で

$$\boldsymbol{r}_{\mathrm{S'}} = \begin{pmatrix} x_{\mathrm{D}} \\ y_{\mathrm{D}} \\ z_{\mathrm{D}} + \varepsilon/2 \end{pmatrix} = \begin{pmatrix} x_{\mathrm{D}} \\ y_{\mathrm{D}} \\ z_{\mathrm{D}} - \varepsilon/2 \end{pmatrix} + \begin{pmatrix} 0 \\ 0 \\ \varepsilon \end{pmatrix} = \boldsymbol{r}_{\mathrm{S}} + \varepsilon \boldsymbol{e}_{\mathrm{Z}} \tag{91}$$

と $\boldsymbol{r}_{\mathrm{S}}$ よりも ε だけ高い位置にある。ΔV_{S} と $\Delta V_{\mathrm{S'}}$ を差し引きすると，底面および上面を通じて立方体から抜け出した体積が求められる。

$$\Delta V_{\mathrm{S'}} - \Delta V_{\mathrm{S}} = \varepsilon^2 \left\{ v_{\mathrm{Z}}(\boldsymbol{r}_{\mathrm{S}} + \varepsilon \boldsymbol{e}_{\mathrm{Z}}, t) - v_{\mathrm{Z}}(\boldsymbol{r}_{\mathrm{S}}, t) \right\} \Delta t \tag{92}$$

これをちょっと変型すると

$$\varepsilon^3 \frac{v_Z(\boldsymbol{r}_S + \varepsilon \boldsymbol{e}_Z, t) - v_Z(\boldsymbol{r}_S, t)}{\varepsilon} \Delta t \fallingdotseq \varepsilon^3 \frac{\partial v_Z}{\partial z} \Delta t \tag{93}$$

となって，SとS′を通過する流れの「ホンの少しの違い」を表す偏微分 $\partial v_Z/\partial z$ が登場した。右辺の $\partial v_Z/\partial z$ は流れのZ成分 $v_Z(\boldsymbol{r}, t)$ が立方体の中で z に対してどれくらい変化するかを表す。

ここまで来たら，残りの4つの面について考えるのは容易(たやす)い。添え字を単にZからXやYに置き換えるだけで良いのだ。左右の面からは $\varepsilon^3(\partial v_X/\partial x)\Delta t$ の抜け出しがあり，前後の面からは同様に $\varepsilon^3(\partial v_Y/\partial y)\Delta t$ だけ抜け出す。こうして求めた，立方体の6面に出入りする流れを合計すると，立方体から実質的に流出した体積は次のようにまとめられる。

流出体積
$$\varepsilon^3 \left\{ \frac{\partial v_X}{\partial x} + \frac{\partial v_Y}{\partial y} + \frac{\partial v_Z}{\partial z} \right\} \Delta t \tag{94}$$

これに気体の密度 ρ を掛けると，抜け出した質量 Δm になる。Δm を立方体の体積 ε^3 と微小時間 Δt で割ると「立方体から抜け出した単位体積あたり・単位時間あたりの質量」

$$\rho \left\{ \frac{\partial v_X}{\partial x} + \frac{\partial v_Y}{\partial y} + \frac{\partial v_Z}{\partial z} \right\} = \rho \left\{ \frac{\partial}{\partial x} v_X + \frac{\partial}{\partial y} v_Y + \frac{\partial}{\partial z} v_Z \right\} \tag{95}$$

が求められる。このあたりで，既に ∇(ナブラ) の影が見え隠れしている。中括弧 { } の中身をもうちょっと変型すると

ついに∇登場
$$\frac{\partial}{\partial x} v_X + \frac{\partial}{\partial y} v_Y + \frac{\partial}{\partial z} v_Z = \begin{pmatrix} \dfrac{\partial}{\partial x} \\ \dfrac{\partial}{\partial y} \\ \dfrac{\partial}{\partial z} \end{pmatrix} \cdot \begin{pmatrix} v_X \\ v_Y \\ v_Z \end{pmatrix} = \nabla \cdot \boldsymbol{v} \tag{96}$$

という具合に「**∇と流れのベクトル場 $\boldsymbol{v}(\boldsymbol{r}, t)$ の形式的な内積 $\nabla \cdot \boldsymbol{v}$**」で式を簡潔に整理できる。

式変型が重なったので，ちょっと一服して $\nabla \cdot \boldsymbol{v}(\boldsymbol{r}, t)$ の意味を考え直してみよう。位置 $\boldsymbol{r}$ 付近に一辺 ε の立方体を置くと，そこから単位時間

あたりに抜け出す体積が $\varepsilon^3 \nabla\cdot\boldsymbol{v}(\boldsymbol{r},t)$ だったわけで，$\nabla\cdot\boldsymbol{v}(\boldsymbol{r},t)$ は $\boldsymbol{r}$ 付近の「体積的な伸び率」と考えることができる。もう少し一般的に言うと，位置 $\boldsymbol{r}$ を内部に含むような体積 ΔV の微小な領域を考えた場合，そこから単位時間に抜け出す体積は $\nabla\cdot\boldsymbol{v}(\boldsymbol{r},t)\Delta V$ と表せる。

この微小な領域 ──「体積素片（そへん）」と呼ばれる ── から「外に抜け出て行く」分量を端的（たんてき）に表す言葉はないだろうか？　その昔，人々が頭をヒネってあみだした言葉が「発散（Divergence）」で，なかなかよく「抜け出す」現象を表現している「ハマり言葉」なので今日まで大切に（？）使われている。

但し，ちょっとだけ「業界用語使用上の注意」がある。アチコチの教科書を眺めてみると，実は2通りの使われ方があるのだ。

- ベクトル場に対して左から $\nabla\cdot$ と（形式に）内積を取ったものを「ベクトル場の発散」と呼ぶ。例えば「$\boldsymbol{v}$ の発散は $\nabla\cdot\boldsymbol{v}$」という風に。
- 領域Dから抜け出した分量そのものも「Dからの発散」という。例えば，体積 ΔV の立方体からは「$\nabla\cdot\boldsymbol{v}\,\Delta V$ の発散がある」という風に。

どうも紛らわしくて，初めてベクトル解析を習う人を混乱させかねないので，以下では前者を「ベクトル場 $\boldsymbol{v}$ の発散 $\nabla\cdot\boldsymbol{v}$」，後者を「領域Dからの発散量」と「量」の字を一つ付けて区別しよう[26]。

ベクトル場 $\boldsymbol{v}$ の発散は「発散だよ〜」という意味をハッキリと表す目的で div $\boldsymbol{v}$ と書かれることもある。

ベクトル場の発散
$$\mathrm{div}\,\boldsymbol{v} = \nabla\cdot\boldsymbol{v} = \frac{\partial}{\partial x}v_{\mathrm{X}} + \frac{\partial}{\partial y}v_{\mathrm{Y}} + \frac{\partial}{\partial z}v_{\mathrm{Z}} \quad (97)$$

こう書いてもピンと来ないかもしれないので，最初に与えておいた流れの具体的な形 $\boldsymbol{v}(\boldsymbol{r},t) = \boldsymbol{r}\dot{R}(t)/R(t)$ を代入してみよう。

$$\begin{aligned}\nabla\cdot\boldsymbol{v} &= \nabla\cdot\left(\boldsymbol{r}\frac{\dot{R}(t)}{R(t)}\right) = \frac{\dot{R}(t)}{R(t)}\nabla\cdot\boldsymbol{r} \\ &= \frac{\dot{R}(t)}{R(t)}\left\{\frac{\partial}{\partial x}x + \frac{\partial}{\partial y}y + \frac{\partial}{\partial z}z\right\} = 3\frac{\dot{R}(t)}{R(t)} = 3\frac{\mathrm{d}}{\mathrm{d}t}\log R(t) \quad (98)\end{aligned}$$

---

[26] この手の安易な工夫が，かえって混乱を広げないことを祈る...

なるほど，風船は「一様に」膨張したので，風船の内部では位置によらず，どこでも発散は $3\dot{R}(t)/R(t)$ となる。

◆◆ちょっとだけ宇宙の話◆◆

「膨張する宇宙」という言葉は，誰でも一度は聞いたことがあって，宇宙を風船に例えることもよく見かけるけど，この手の一様な膨張の式（86，98）は「宇宙論」の本を開くとアチコチで見かけるのだ。

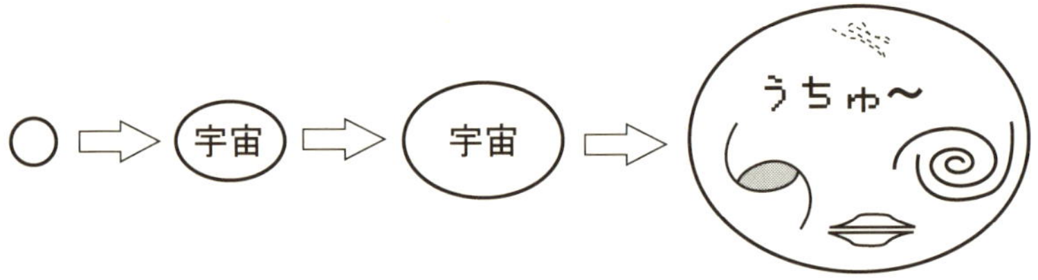

ところで，大安吉日に空高く舞い上がった寿(ことぶき)風船は，その後どうなるのだろうか？ 膨らみ過ぎて割れる風船も多いだろう。運良く割れなかった風船は，しばらく一定の高度を保って風に漂うことになる。風船の中身のヘリウムは，空気を構成する酸素や窒素に比べると小さくて軽い原子だから，ゴムを「通り抜けて」どんどん逃げて行く。かくして浮力を失った風船は，結局，大平洋に落ちる[27]。**舞い上がったものは必ず落ちる**。まさに人生の門出を素晴らしく彩る七色の風船である。

◇◇蛇足：連続の方程式◇◇

風船の中で膨張する空気の流れ $\boldsymbol{v}(\boldsymbol{r},t)$ の発散 $\nabla\cdot\boldsymbol{v}(\boldsymbol{r},t)$ はゼロではなかった。その結果として，体積 ε^3 の立方体からは微小時間 Δt の間に，質量に換算して $\rho(t)\varepsilon^3\nabla\cdot\boldsymbol{v}(\boldsymbol{r},t)\Delta t$ だけの空気が出て行く。風船の中で

[27] コレをウミガメが食うと消化できなくて困るから，最近では水に溶ける風船を使うとか。

は，密度 ρ は $\boldsymbol{r}$ によらず一定だったけど，ちょっとだけ一般化して密度 ρ が場所によって変化するような場合も含めて考えよう。

この場合，密度は場所と時間の関数 $\rho(\boldsymbol{r}, t)$ になり，出て行く質量は $\varepsilon^3\nabla\cdot\{\rho(\boldsymbol{r}, t)\,\boldsymbol{v}(\boldsymbol{r}, t)\}\Delta t$ になる[28]。空気は分子の集まりだから「無から湧き出る」ことはあり得ない。出て行った分だけ立方体内部の空気は薄くなり，Δt の間に密度は ρ から $\rho-\Delta\rho$ に減少する。つまり，立方体内部の質量は $\Delta m = \varepsilon^3\Delta\rho$ だけ減少する。まとめると

$$\varepsilon^3\,\nabla\cdot\{\rho(\boldsymbol{r}, t)\,\boldsymbol{v}(\boldsymbol{r}, t)\}\Delta t = -\Delta m = -\varepsilon^3\Delta\rho \tag{99}$$

が成立しているはずだ。両辺を $\varepsilon^3\Delta t$ で割って，$\Delta t \to 0$ の極限を取ると「連続の方程式」という名前で呼ばれている重要な方程式を得る。

連続の方程式
$$\nabla\cdot\{\rho(\boldsymbol{r}, t)\,\boldsymbol{v}(\boldsymbol{r}, t)\} = -\frac{\partial}{\partial t}\rho(\boldsymbol{r}, t) \tag{100}$$

この方程式には，皆さんもやがてアチコチで遭遇するだろう。例えば電磁気学では「電荷密度 ρ と電荷の流れる速度 $\boldsymbol{v}$ の積 $\boldsymbol{j} = \rho\boldsymbol{v}$」を電流と呼ぶのだけど，これを連続の方程式に代入すると「電荷保存の方程式」と呼ばれる式を得る。

電荷保存の方程式
$$\nabla\cdot\boldsymbol{j}(\boldsymbol{r}, t) = -\frac{\partial}{\partial t}\rho(\boldsymbol{r}, t) \tag{101}$$

ちょっと前に取り扱った，風船の中で膨張する空気について「連続の方程式」を検算してみよう。半径 $R(t)$ の風船の中に n モルの分子量 A の気体があれば，その密度は

$$\rho(t) = \frac{3nA}{4\pi\,R(t)^3} = \frac{3nA}{4\pi}\{R(t)\}^{-3} = C\{R(t)\}^{-3} \tag{102}$$

と定数 C に $\{R(t)\}^{-3}$ を掛けたものになる。これを使うと，密度の時間変化は

$$-\frac{\partial}{\partial t}\rho(t) = 3C\{R(t)\}^{-4}\frac{\partial}{\partial t}R(t) = 3C\{R(t)\}^{-4}\dot{R}(t) \tag{103}$$

---

[28] 式 (92, 93) あたりに立ち戻って考える必要がある。宿題や演習問題として，ちょうど良い題材だ。もっとも，演習や宿題は「やって来ない」のが昔からの通例だとか。

と $R(t)$ とその時間微分 $\dot{R}(t)$ で表せる（$R(t)$ は t のみの関数だから $\partial R(t)/\partial t$ は $\mathrm{d}R(t)/\mathrm{d}t = \dot{R}(t)$ に等しい）。一方，連続の方程式の左辺に式（98）の結果 $\nabla \cdot \boldsymbol{v} = 3\dot{R}(t)/R(t)$ を代入すると $3C\{R(t)\}^{-4}\dot{R}(t)$ になって，両辺は一致する。この手の検算は，一致しなかったら「どこかで計算間違いしている」ので，しつこく「間違った箇所」を洗い出すクセを付けておく方が良い。

◆◆パンの話◆◆

温度とともに膨張する丸い風船を考えた。風船ではなくて，泡の膨張なら，実は日常生活でお世話になっている。パンやケーキは，何らかの方法で泡として生地にガスを含ませておいて，焼く時にさらに泡を膨らませる…と言われると何となく信じ込んでしまうのだけど，それだったら釜から出して温度が下がると，再びしぼんでしまうはずだ。

実は，焼いた時に生地から水分が抜け出て，頑丈になるとともに，生地に「染み込んでいた」ガスが気化して泡をさらに膨張させる。また，部分的に泡と泡の間の薄い膜が破れて，泡同士がつながって外気を呼び込み，冷えても縮まないようになる。特にフランスパンは上手にこの現象を利用していて，大きい割には軽いパンになっている。すぐ隣のドイツが，重くて黒いパンを重宝するのとは対照的だ。

懐石 a la 問答

学生「div って何処かで見た記憶が...あっ，楽譜に使われてませんか？」

西野「あれは Division（パート分割）の略で，Divergence（発散）とは関係ない」

学生「また駄洒落でした？」

西野「う〜ん，そうでもないか，両方ともバラバラ——というか二つ——に離れるという意味を持ってるから親戚だね。センスが良くなって来たね」

学生「西野さんがホメるなんて超珍しいですね。一杯どうぞ...あらら，もう空ですね，この徳利（とっくり）」

西野「酒が底から無尽蔵に沸き出す魔法の瓶とか，キリストが祈ると幾らでも分量が増えるワインだとか，酒池肉林で有名な酒の泉があれば苦労しないんだけどな〜，享楽の園に溺れるぞ〜...」

学生「理想酒瓶ですね。あり得ませんよ，そんなもの」

西野「夢は夢。ところで $\mathrm{div} = \nabla\cdot$ だけど，流れに限らずベクトル場でさえあれば，どんなものにでも作用させることができる」

学生「物理屋と ∇ に節操ナシ，といった所ですか?!」

西野「数学屋はもっと節操がなくて，いったん数学記号を定義したが最後，後でどんな使い方をするか想像すらできない。ありゃ〜永遠の 3 才児[29] だね」

学生「酔ってますね，本音が出てますよ？」

---

[29] 物理屋さんこそ，1 体問題や 2 体問題は取り扱えても，3 体以上の問題は「解けましぇ〜ん」と公言して，ひっくるめて「多体問題」と呼んでるくらいだから，数を「ひとつ，ふたつ，いっぱい」と数える 3 才児と大差ないのじゃ。

西野「いや，ホメ言葉，ホメ言葉。節操なくいろいろと考えているうちに，歴史に残るものは残って，そうでないものは時の流れとともに『発散』してしまう。と〜っても良い例が，一点から湧(わ)き出す水の流れ。これは奥が深い」

学生「湧(わ)く湧(わ)くしますね」

西野「そう，電磁気の『静電場』でエラくお世話になる。プラスはマイナスに引かれるものじゃ，♂も♀に引かれるぞ」

一話題がそれ始めた所で，女将さんが次の徳利を持って来た。さりげないタイミングがプロの証(あかし)。

◇◇一点から湧き出す流れ◇◇

ホースの一端に丸い布袋(ぬのぶくろ)をくくりつけてプールに突っ込み，もう一方を水道につなぐ。蛇口をひねると....あっ，いや，最近ではレバーを押し下げる水道の方が多いか？....布袋から水が四方八方に偏りなく流れ出して行く。「なんやねん，それ？」と問われるとチト困るのだけど，まあ上半分だけを考えると泉の底から水が湧き出して来るモデルだと考えられないこともない[30]。布袋の周辺での水の流れを求める計算に div(発散) が活躍するのだ。

まず，布袋の中心を座標の原点に取ろう。時刻 t に関係なく一定量の水

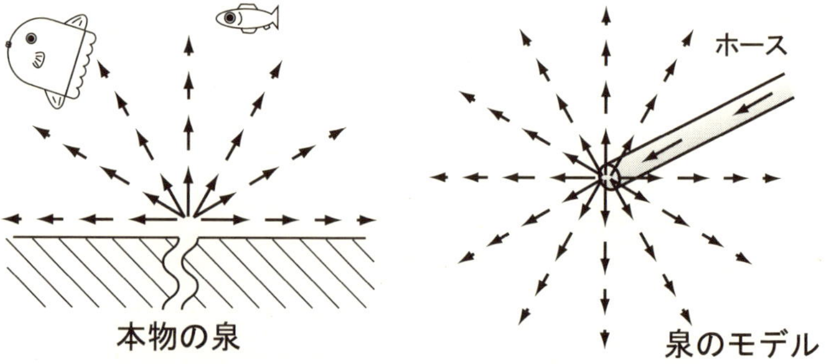

[30] 暑い夏に，プールサイドで子供(ガキ)に飲み物を与え過ぎると『泉』と化すので要注意。

が四方八方に流れ出て行く場合，流れの方向は常に原点から外向きだから，適当な $r = |\boldsymbol{r}| = \sqrt{x^2+y^2+z^2}$ の関数 $f(r)$ を使って流速を

$$\boldsymbol{v}(\boldsymbol{r}) = \frac{\boldsymbol{r}}{r}f(r) = \boldsymbol{r}\frac{f(r)}{r} = \boldsymbol{r}g(r) \tag{104}$$

と書けるはずだ。但し，$g(r) = f(r)/r$ と置いた。ところで，水には重要な性質がある。

水の性質　水は，密度がほぼ $\rho = 1$ [g/cm³] で，ちょっと圧力が変化したくらいでは（ほとんど）圧縮・膨張しない。

圧縮・膨張しない，つまり密度 ρ の変化がないので，連続の方程式 (100) より，流れの発散はゼロでなければならない。もっと直感的に言うと，微小領域に水が流れ込むと，圧縮できないので必ず等しい量の水が流れ出し，結果として至る所で流れの発散 $\nabla\cdot\boldsymbol{v}(\boldsymbol{r})$ がゼロになる。

$$\nabla\cdot\boldsymbol{v}(\boldsymbol{r}) = \nabla\cdot\{\boldsymbol{r}\,g(r)\} = \nabla\cdot\left\{\boldsymbol{r}\,g(\sqrt{x^2+y^2+z^2})\right\} = 0 \tag{105}$$

この条件（非圧縮条件）はけっこう厳しくて，$g(r)$ の形をほぼ決めてしまう。$\nabla\cdot\boldsymbol{v}(\boldsymbol{r})$ を計算する手始めとして流速の X 成分 $v_X = x\,g(r)$ を x で偏微分してみよう。$g(r)$ が r の関数，r は x，y，z の関数だから

$$\begin{aligned}\frac{\partial v_X}{\partial x} &= g(r) + x\frac{\partial g(r)}{\partial x} = g(r) + x\frac{\partial g(r)}{\partial r}\frac{\partial r}{\partial x} \quad \text{（合成関数の微分）}\\ &= g(r) + x\frac{\partial g(r)}{\partial r}\frac{2x}{2\sqrt{x^2+y^2+z^2}}\\ &= g(r) + \frac{\partial g(r)}{\partial r}\frac{x^2}{r}\end{aligned} \tag{106}$$

同様に v_Y や v_Z の偏微分も計算もできて，合計すると

$$\nabla\cdot\boldsymbol{v}(\boldsymbol{r}) = 3g(r) + \frac{\partial g(r)}{\partial r}\frac{x^2+y^2+z^2}{r} = 3g(r) + \frac{\partial g(r)}{\partial r}r \tag{107}$$

コレがゼロになるような $g(r)$ って，どんな関数だろうか？　こういう時に「3才児の勘」を働かすのだ。試しに $g(r) = Ar^n$ と置いてみよう。A は適当な比例定数である。これを上の式に代入して $\nabla\cdot\boldsymbol{v} = 0$ を要請すると

$$\nabla\cdot\boldsymbol{v} = A(3r^n + nr^{n-1}r) = Ar^n(3+n) = 0 \qquad (108)$$

つまり $n = -3$ が出て来る。3才児らしく3が出て来た。これを元の式 (104) に戻すと，流速 $\boldsymbol{v}$ は

$$\boldsymbol{v}(\boldsymbol{r}) = \boldsymbol{r}\,g(r) = \boldsymbol{r}Ar^{-3} = A\frac{\boldsymbol{r}}{r^3} = A\frac{1}{r^2}\frac{\boldsymbol{r}}{r} \qquad (109)$$

という形の関数であることがわかった。比例定数 A はまだ定まっていないけど，これについては次の章で考えることにしよう。なお，こうやって求めた流れは，水が湧き出る布袋からそう離れていない場所のものであって，プールの底や水面に近い所では，もっと複雑な流れになっている。

◇◇電荷密度と電場の発散◇◇

ところで，水の流れを表す式 (109) はどこかで見たことがある。そう，前章で点電荷 q の周囲の電場

$$\boldsymbol{E}(\boldsymbol{r}) = \frac{1}{4\pi\varepsilon_0}\frac{q}{r^2}\frac{\boldsymbol{r}}{r} \qquad (110)$$

を求めたのだが，一つ上の式と見比べると $A = \dfrac{q}{4\pi\varepsilon_0}$ という関係で結ばれていることがわかる。これに気付いた昔の人は

ひらめき！　電荷から何か仮想的な非圧縮流体が流れ出している

と考え，流体力学を使って電磁現象を解析しようと試みた。これは，なかなかイケてるアイデアで，電磁気学で有名な Maxwell（マクスウェル）方程式が得られる一つのきっかけとなった。話が出たついでだから（？），電磁気学の教科書を開くと

$$\mathrm{div}\,\boldsymbol{D}(\boldsymbol{r}, t) = \nabla\cdot\boldsymbol{D}(\boldsymbol{r}, t) = \rho(\boldsymbol{r}, t) \qquad (111)$$

という式が目に飛び込む。$\boldsymbol{D}(\boldsymbol{r}, t)$ は電場 $\boldsymbol{E}(\boldsymbol{r}, t)$ の親戚で，電束密度（でんそく）と呼ばれているものだけど，物質のない真空中では比例関係 $\boldsymbol{D}(\boldsymbol{r}, t) = \varepsilon_0\boldsymbol{E}(\boldsymbol{r}, t)$ が成立している。これを使うと

$$\nabla\cdot\boldsymbol{E}(\boldsymbol{r},t) = \frac{1}{\varepsilon_0}\rho(\boldsymbol{r},t) \tag{112}$$

と書ける。右辺の $\rho(\boldsymbol{r},t)$ は電荷(でんか)密度，つまり単位体積あたりにどれだけの電荷が存在するかを表す量だ。細かいことを抜きにすると，この式を使って電荷密度 $\rho(\boldsymbol{r},t)$ から電場 $\boldsymbol{E}(\boldsymbol{r},t)$ を求めることができる。

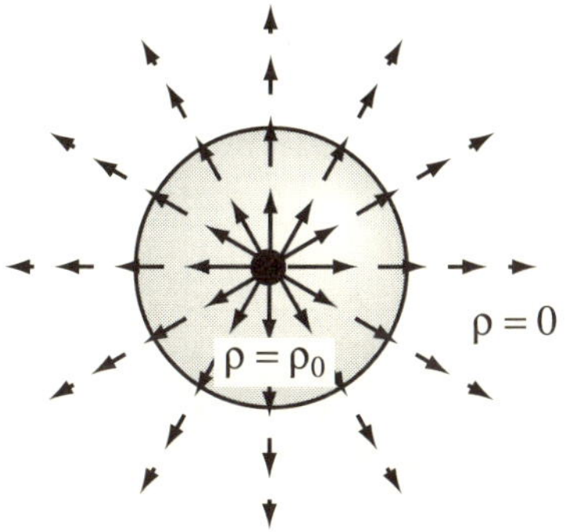

球の中で一様な電荷分布の場合のE。原点は球の中心

例えば，半径 R の球内 $|\boldsymbol{r}| = r < R$ で，電荷密度が時刻 t によらず一様 $\rho(\boldsymbol{r}) = \rho_0$ で，球の外側 $r > R$ に電荷が存在しない（$\rho = 0$）場合に，

$$\boldsymbol{E}(\boldsymbol{r}) = \boldsymbol{r}g(r) \tag{113}$$

と置いて $g(r)$ を求めてみよう。球の中と外では電荷密度が異なるので，$g(r)$ も $r<R$ と $r>R$ では，関数の形が違う。実は $r<R$ では思いのほか簡単に $\boldsymbol{E}$ が求められる。式（107）を使うと

$$\nabla\cdot\boldsymbol{E} = 3g(r) + \frac{\partial g(r)}{\partial r}r = \frac{\rho_0}{\varepsilon_0} \tag{114}$$

だから，$g(r)$ が定数 $\dfrac{\rho_0}{3\varepsilon_0}$ であれば良い。つまり $|\boldsymbol{r}|<R$ では

球内部の電場　$$\boldsymbol{E}(\boldsymbol{r}) = \frac{\rho_0}{3\varepsilon_0}\boldsymbol{r} \tag{115}$$

と，以前に求めた「風船の中を一様膨張する空気の流れ（式（86））」と同じく電場 $\boldsymbol{E}(\boldsymbol{r})$ は $\boldsymbol{r}$ に比例している。

球の外部 $|r|>R$ ではどうなるか？　ここで，またまた「3才児の勘」

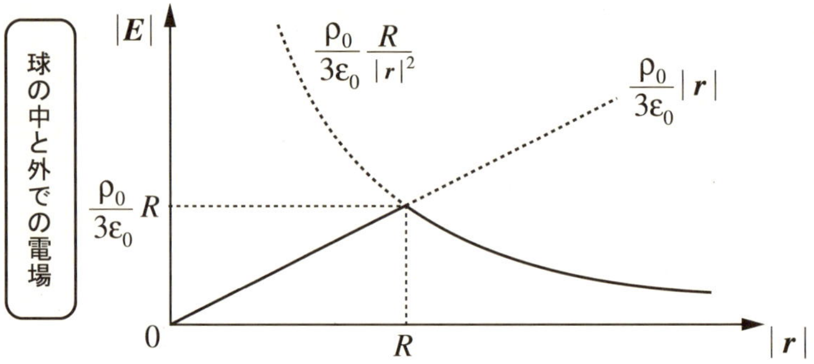

が登場する。充分遠方 $r \gg R$ から見ると，電荷が一点に集中していようと，少々広がっていようとあまり関係ないから，体積 $V = (4/3)\pi R^3$ の球内に存在する電荷の総量 $q = \rho_0 V = \rho_0 (4/3)\pi R^3$ が作る電場が，球外の電場じゃないかな～と想像できる。

球外部の電場

$$\boldsymbol{E}(\boldsymbol{r}) = \frac{1}{4\pi\varepsilon_0}\frac{q}{r^2}\frac{\boldsymbol{r}}{r} = \frac{1}{4\pi\varepsilon_0}\frac{1}{r^2}\left(\rho_0\frac{4\pi}{3}R^3\right)\frac{\boldsymbol{r}}{r} = \frac{\rho_0 R^3}{3\varepsilon_0}\frac{1}{r^2}\frac{\boldsymbol{r}}{r} \quad (116)$$

ホントだろうか？　電場 $\boldsymbol{E}(\boldsymbol{r})$ というものは不連続にはならない量なので，式 (115) と式 (116) が球の表面 $r = R$ で一致していれば辻褄（つじつま）が合う。実際に上式で $r = R$ と置くと $|\boldsymbol{E}| = (\rho_0/3\varepsilon_0)R$ となって，式 (115) で $r = R$ と置いたものにバッチリ一致している。これにて一件落着。

3才児のお遊びは，これで終わりだろうか？

球の表面積が $S = 4\pi R^2$，表面での電場の強さは $|\boldsymbol{E}| = (\rho_0/3\varepsilon_0)R$，球の中にある電荷の総量が $q = \rho_0(4/3)\pi R^3$，じ～っとニランで

謎の式

$$S|\boldsymbol{E}| = 4\pi R^2\frac{\rho_0}{3\varepsilon_0}R = \rho_0\frac{4\pi}{3\varepsilon_0}R^3 = \frac{q}{\varepsilon_0} \quad (117)$$

と，単純な関係式 $S|\boldsymbol{E}| = q/\varepsilon_0$ が成立している。これって偶然だろうか？

◆◆電荷の話◆◆

Maxwell の時代，電荷というものは連続な量だと考えられていた。ところが Thomson（トムソン）や Millikan（ミリカン）といった人々が注意深く実験してみると，どんな電荷も「素（そ）電荷」と呼ばれる非常に小さな電荷量 e の整数倍だということが判明した。

なぜ質量とは違って，電荷が不連続な値しか取り得ないのか，その基本的な理由は今もって明らかにされていない。Dirac（ディラック）という人が，磁気単極子（Magnetic Monopole）というものがあれば電荷が不連続量になり得ることを，示したことは示したのだけど，肝心の磁気単極子がどこにも見当たらないので，今もって解決には程遠い。極微の世界には，思わぬ落とし穴があるものだ。

なお，物理の教科書には必ず登場する Millikan（ミリカン）の実験には，Fletcher（フレッチャー）という学生が重要な貢献をしたのだけど，いつの間にか「Millikan（ミリカン）-Fletcher（フレッチャー）の実験」から「Millikan（ミリカン）の実験」になってしまった。世の中うまく立ち回らないと，歴史の中で「発散してしまう」らしい。

オレは**ミリカン**、
飲み代は**ワリカン**!
趣味: 油滴がステキ

Millikan
(1868～1953)

第6章
天才ガウスは帳尻合わせがお好き

―女将さんがお椀を持って来た。フタを取ると...

西野「おお，フランスの香りがする『澄まし汁』だ」

女将「フォアグラと塩漬け鴨肝のポトフです」

学生「段々と無国籍になるんですね，この懐石コースって」

女将「この辺は昔からの港町ですから，いろいろな食材が手に入るんです。料理長(シェフ)が，これまた物好きな人なんですよ。冷めないうちにどうぞ」

―女将さんが引っ込んで行く厨房は，トンデモない所なのかもしれない。

西野「港町ね～，今は船で外国に行く人は稀かな」

学生「今まで，どんな国へ行ったんですか？」

西野「え～と，スイス，ベルギー，オランダ，ポーランド，スペイン，フランス，そんな所かな？　なぜかどこへ行っても，警官から職務質問される」

学生「密入国者だと思われてるんじゃないですか？」

西野「『職業は？』と聞かれて『物理学者だ』と答えると，どの警官もわかったような笑みを浮かべて去って行くのだ」

―物理屋に変人が多いのは万国共通な現象らしい。

西野「ところで，1年間に日本を出国した人の数から，入国した人の数を引くと，移住で減少した分の日本人口を求められるね」

学生「は～？」

西野「各都道府県から流出した人の数から，流入した人の数を引くと？」

学生「引っ越しで減少した県の人口ですよね，それって」

西野「そうそう，県から『発散』して行った人々の数だ。これを，全都道府県について合計すると，さっきの（出国者数）−（入国者数）になる」

学生「子供でもわかりますよ，そんなこと」

西野「まあまあ，この手の帳尻（ちょうじり）合わせは，あちこちで目にするんだ。例えば，人間の体には数十兆個の細胞があるけど，一つ一つの細胞が水を吸ったり吐いたりしている」

学生「わかりましたよ，それぞれの細胞から『発散』された水の量を合計すると（体から出て行った水の量）−（飲み食いした水の量）ですね？」

西野「その通り。じゃ〜，ちょっと帳尻（ちょうじり）合わせに行って来る」

—と，席を立つ西野であった。

学生「...な，なんて不作法な人...」

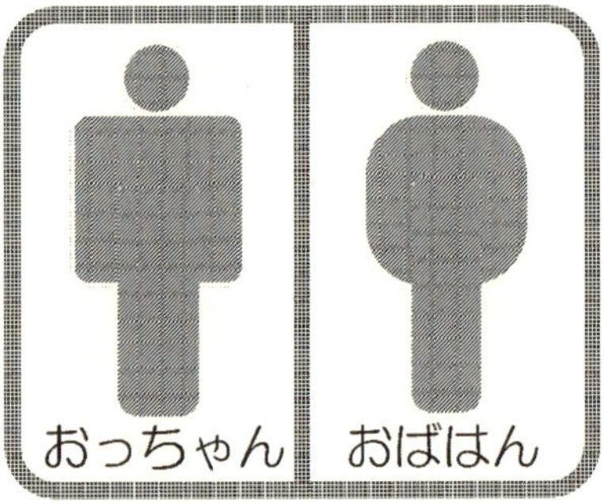

◇◇**発散量の合計**◇◇

流れの速度 $\boldsymbol{v}(\boldsymbol{r})$ や電場 $\boldsymbol{E}(\boldsymbol{r})$，そして磁場 $\boldsymbol{B}(\boldsymbol{r})$ など，世の中にはいろいろなベクトル場があるのだけど，それらを記号 $\boldsymbol{F}(\boldsymbol{r})$ で代表させることによって，ベクトル場が一般的に満たす関係式を考えてみよう。これも数学屋さんや物理屋さんに伝わる「手抜きのテクニック」の一つで，$\boldsymbol{F}(\boldsymbol{r})$ についての関係式が一つ得られる度に，文字 $\boldsymbol{F}$ を $\boldsymbol{v}$ や $\boldsymbol{E}$ に置き換えるだけで「流れの満たす関係式」やら「電場の満たす関係式」やらが1個ずつ求まるのだ[31]。

さて，ベクトル場 $\boldsymbol{F}(\boldsymbol{r})$ の発散を $g(\boldsymbol{r})$ と置いて，それを成分で表すと

$$\boxed{\text{発散}} \qquad g(\boldsymbol{r}) = \nabla\cdot\boldsymbol{F}(\boldsymbol{r}) = \frac{\partial f_{\mathrm{X}}(\boldsymbol{r})}{\partial x}+\frac{\partial f_{\mathrm{Y}}(\boldsymbol{r})}{\partial y}+\frac{\partial f_{\mathrm{Z}}(\boldsymbol{r})}{\partial z} \qquad (118)$$

と書けたことを思い出そう。ちょっと復習すると，中心の位置が $\boldsymbol{r}$ である体積 ε^3 の立方体を考えて，そこから流れ出す $\boldsymbol{F}(\boldsymbol{r})$ の分量から流れ込む $\boldsymbol{F}(\boldsymbol{r})$ の分量を引いたものが，立方体からの発散量であって，それは $\varepsilon^3 g(\boldsymbol{r})$ で与えられる。$g(\boldsymbol{r})$ は「ただの数」だから，位置 $\boldsymbol{r}$ のスカラー関数だ。発散 div $= \nabla\cdot$ は「ベクトル場からスカラー場への懸(か)け橋」と考えることもできる。

じゃあ，立方体を縦に二つ重ねた直方体からの発散量は？

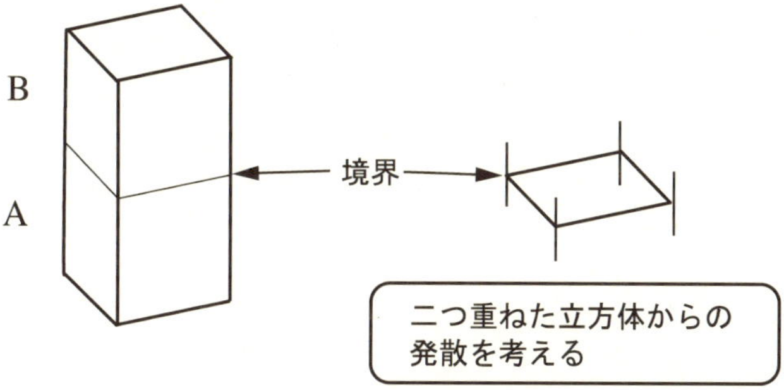
B
A
境界
二つ重ねた立方体からの
発散を考える

二つの立方体を区別するために，下側をＡ，上側をＢとして，それぞれの中心位置を $\boldsymbol{r}_{\mathrm{A}}$ および $\boldsymbol{r}_{\mathrm{B}}$ と書こう。立方体の一辺は ε であったから，$\boldsymbol{r}_{\mathrm{B}} = \boldsymbol{r}_{\mathrm{A}}+\varepsilon\mathbf{e}_{\mathrm{Z}}$ が成立している。二つの立方体を重ねた直方体からの発散量は，単にそれぞれの立方体からの発散量の和

$$\varepsilon^3 g(\boldsymbol{r}_{\mathrm{A}})+\varepsilon^3 g(\boldsymbol{r}_{\mathrm{B}}) \qquad (119)$$

で表せることは明らかだ。じゃあ，少し過激に 24 個の小さな立方体 A, B, ..., Z をくっつけた『子犬型』の領域からの発散量を求めると

$$\varepsilon^3 g(\boldsymbol{r}_{\mathrm{A}})+\varepsilon^3 g(\boldsymbol{r}_{\mathrm{B}})+\cdots+\varepsilon^3 g(\boldsymbol{r}_{\mathrm{Z}}) \qquad (120)$$

[31] なるべく頭を使わないように，頭を使うのである。← 自己矛盾した文章だ!!

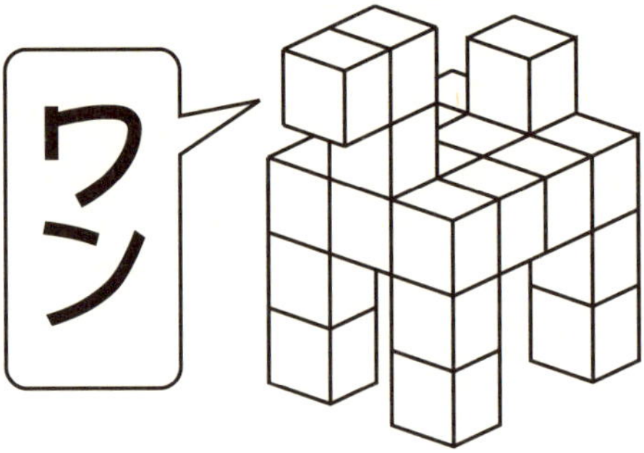

と少しヤケクソな感じの和で書ける。

こんな風に，小さなブロックを積み上げることによって「どんな形の領域でも」そこからの発散量の合計を**原理的には**計算できる。ここに出て来たような，小さなブロックは「体積素片」と呼ばれる。え？『子犬型』は子犬に全然似てないって？　いや，ブロックの一辺 ε を小さくして，数多くのブロックを使えば良い。例えば，子犬の細胞くらいの大きさのブロックならば，何兆個か使えば本物の子犬にソックリな形が作れるはずだ。**原理的には**と断っておいたのは，実際に美しく数式に乗せることができる領域の形は，そんなに多くないからで，立方体・直方体や，円柱・円錐・球・楕円体など丸い形のもの（と幾つかの例外）に限られている。

直方体からの発散量　いちばん簡単なのが 3 辺の長さがそれぞれ L_X，L_Y，L_Z である直方体領域だ。この場合 X 方向に $N_X = L_X/\varepsilon$，Y 方向に $N_Y = L_Y/\varepsilon$，Z 方向に $N_Z = L_Z/\varepsilon$ 個のブロックがある[32]。

いちばん原点に近い立方体★を 0 番目と数えて，そこから X 方向に i 番目，Y 方向に j 番目，Z 方向に k 番目の所にある立方体☆を ijk 番目と数えると，その中心位置は

$$\boldsymbol{r}_{ijk} = \left(i+\frac{1}{2}\right)\varepsilon\boldsymbol{e}_X+\left(j+\frac{1}{2}\right)\varepsilon\boldsymbol{e}_Y+\left(k+\frac{1}{2}\right)\varepsilon\boldsymbol{e}_Z \tag{121}$$

になる。これを使うと，直方体内部からの発散量は

[32] 各辺の長さが ε で割り切れるような場合を考えた。もう少し一般的に ε_X，ε_Y，ε_Z と辺々の長さが異なる微小な直方体を扱うと，この窮屈な条件を撤廃することも可能だ。

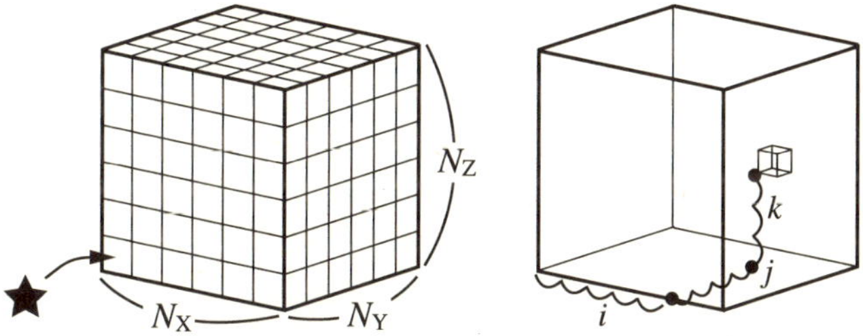

直方体の立方体分割。
一番原点に近い立方体★、ijk番目の立方体☆。

$$\sum_{i=0}^{N_X-1}\sum_{j=0}^{N_Y-1}\sum_{k=0}^{N_Z-1}\varepsilon^3\,\nabla\cdot\boldsymbol{F}(\boldsymbol{r}_{ijk}) = \sum_{i=0}^{N_X-1}\sum_{j=0}^{N_Y-1}\sum_{k=0}^{N_Z-1}\varepsilon^3 g(\boldsymbol{r}_{ijk}) \tag{122}$$

と，総和記号 Σ を使って書き表せる。ここで，$\varepsilon\to 0$ の極限を取ると，直方体内部からの発散量は次の 3 重積分で書き表せることがわかる。

なんじゃ？　これ

$$\int_0^{L_X}\int_0^{L_Y}\int_0^{L_Z}\nabla\cdot\boldsymbol{F}(\boldsymbol{r})\,\mathrm{d}x\,\mathrm{d}y\,\mathrm{d}z \tag{123}$$

えっ？　イキナリ式（122）から（123）へ飛ぶなって？　じゃあ，ちょっと積分をサラリと復習しよう。サラリとやるので，あまり厳密ではないけど...細かいことは気にしないでほしい。

■■ドロナワ演習・積分■■

x の関数 $f(x)$ を区間 $[a,b]$── a 以上 b 以下 ── で積分したものは，次のページの図で示した $f(x)$ の下側の面積で，それは以下のようにして求めるのであった。

- まず区間 $[a,b]$ を，幅 $\Delta x=\dfrac{b-a}{N}$ の区間 N 個に区切る。
- 区間を左から 0 番目，1 番目...$N-1$ 番目と数え，i 番目の区間の中央の位置を $x_i=\left(i+\dfrac{1}{2}\right)\Delta x=\left(i+\dfrac{1}{2}\right)\dfrac{b-a}{N}$ で表す。
- 短冊形の面積 $S_i=f(x_i)\Delta x=f\left(\left(i+\dfrac{1}{2}\right)\dfrac{b-a}{N}\right)\dfrac{b-a}{N}$ の和

$$\sum_{i=0}^{N-1}S_i=\sum_{i=0}^{N-1}f(x_i)\Delta x=\sum_{i=0}^{N-1}f(x_i)\frac{b-a}{N} \tag{124}$$

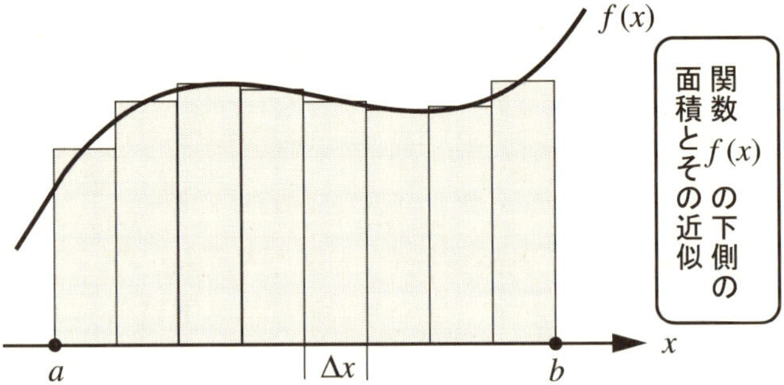

で図の面積を近似する。

- 区間の幅をドンドン狭くして行って，近似の精度を上げる。$N\to\infty$（または $\Delta x\to 0$）の極限を取ったものが，求める積分。

$$\lim_{N\to\infty}\sum_{i=0}^{N-1} S_i = \lim_{N\to\infty}\sum_{i=0}^{N-1} f(x_i)\,\Delta x = \int_a^b f(x)\,\mathrm{d}x \tag{125}$$

記号的には，総和記号 $\sum$ を $\int$ に，Δx を $\mathrm{d}x$ に置き換えたものになっている（...と丸暗記してると，いつか沈没する...）。

2 変数関数 $f(x, y)$ の長方形領域 $x=[a, b]$，$y=[c, d]$ での積分は，上の操作を X，Y それぞれの方向に使うことによって次のように表せる。

$$\int_a^b\int_c^d f(x, y)\,\mathrm{d}x\mathrm{d}y = \lim_{N_\mathrm{X}\to\infty}\lim_{N_\mathrm{Y}\to\infty}\sum_{i=0}^{N_\mathrm{X}-1}\sum_{j=0}^{N_\mathrm{Y}-1} f(x_i, y_j)\ \Delta x\Delta y \tag{126}$$

但し，$\Delta x = (b-a)/N_\mathrm{X}$，$\Delta y = (d-c)/N_\mathrm{Y}$ である。式 (122) から (123) への変型では $\Delta x = \Delta y = \Delta z = \varepsilon$ で，X，Y，Z それぞれの方向に和を取ったから積分記号 $\int$ が三つ並んだ「3 重積分」になったわけだ。

[ドロナワ演習・おしまい]

◆◆ちょっと一杯◆◆

小さな領域を「つなぎ合わせる」ことによって，いろいろな形を表したものは，意外と身近な存在だ。例えば絨毯（じゅうたん）は，隣り合う一本ずつの糸の色を変えることによって変幻自在な模様を浮かび上がらせるし，歩道や建物の壁には色の異なるレンガを積んだりタイルを貼って，文字や絵を描いてある。もっと毎日のようにお世話になっているのがコンピューターの画面。液晶画面をよ〜く眺めると，四角い領域の明るさを場所によって変えて文字や絵を表示してあることがわかる。

一転して絵画の世界に目を向けると，何でも点々で描く点描の印象派だとか，その後にやって来た「何を見ても四角く捉える」キュービズムなど，ブロック遊びをそのまま仕事にしてしまった天真爛漫な芸術家ばかりだ。

Gogh (1853〜90)

◇◇**円柱と円柱座標**◇◇

直方体に次いで「数式に乗せ易い」のが，円柱だ。コレに付き合う時に，点の位置を座標 x，y，z の組で表していると沈没する。円柱内部の位置をうまく表す方法は 3 章（式（36））に出て来た「円柱座標」である。

復習すると，点 P の位置を円柱の中心軸からの距離 ℓ，X 軸からの角度 θ，そして原点からの高さ z の組 $\{\ell, \theta, z\}$ を使って指定する。普通の XYZ 座標で点 P の位置を表すと次のようになる。

円柱座標
$$\boldsymbol{r}_{\mathrm{P}} = \boldsymbol{r}(\ell, \theta, z) = \begin{pmatrix} \ell\cos\theta \\ \ell\sin\theta \\ z \end{pmatrix} = \begin{pmatrix} x(r, \theta) \\ y(r, \theta) \\ z \end{pmatrix} \tag{127}$$

円柱座標が便利なのは，半径 R の円柱を考える場合，その表面を $\ell = R$ と，簡単な式で表せるからで，2 次式 $x^2 + y^2 = R$ と比べてみると，その有り難みがわかる。

円柱と円柱座標

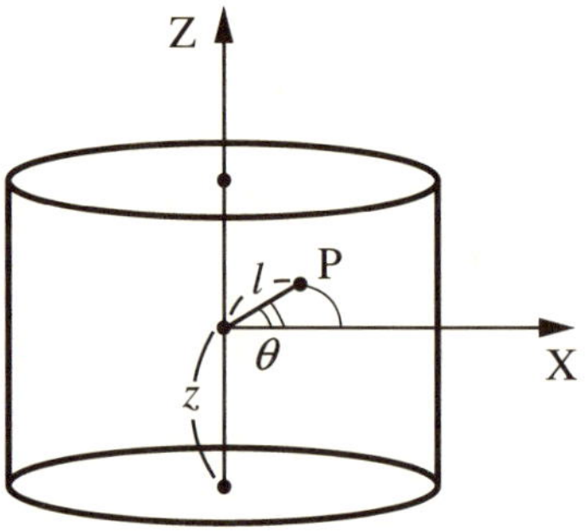

円柱からの発散量 さて，高さが H，半径 R の円柱内部からの発散量を求めてみよう。

ベクトル場 $\boldsymbol{F}(\boldsymbol{r}(\ell,\theta,z))$ と，その発散 $\nabla\cdot\boldsymbol{F}(\boldsymbol{r}(\ell,\theta,z))$ は位置 $\boldsymbol{r}(\ell,\theta,z)$ の関数で，場所によって異なる値を持ち得るから，円柱をまず小さなブロックに切り分けておいて，それぞれのブロックからの発散量を足し上げる方針で計算を進める。円柱の小ブロックへの分解は，まずZ方向に N_{Z} 個の円盤に切り分け，次にそれぞれの円盤を N_{R} 個の輪に切り分け，最後にそれぞれの輪を N_{Θ} 個の「ちょっと曲がった直方体」に切り分けて行なう（切り分ける順番はどうでも良い）。こうすると $N_{\mathrm{Z}}N_{\mathrm{R}}N_{\Theta}$ 個のブロック，つまり体積素片が得られる。

下から i 番目の円盤上の，中心から j 番目の輪の中の，X軸方向から数えて k 番目のブロックに目を付けよう。微小量をあらかじめ

$$\Delta\ell=\frac{R}{N_{\mathrm{R}}},\ \Delta\theta=\frac{2\pi}{N_{\Theta}},\ \Delta z=\frac{H}{N_{\mathrm{Z}}} \tag{128}$$

と書いておくと，ブロックの中心位置は円柱座標で

$$\{\ell_i,\theta_j,z_k\}=\left\{\left(i+\frac{1}{2}\right)\Delta\ell,\ \left(j+\frac{1}{2}\right)\Delta\theta,\ \left(k+\frac{1}{2}\right)\Delta z\right\} \tag{129}$$

と表され，その位置ベクトルは $\boldsymbol{r}_{ijk}\equiv\boldsymbol{r}(\ell_i,\theta_j,z_k)$ になる。切り分けの数 N_{Z}，N_{R}，N_{Θ} が充分大きければ，ブロックの形は「ほぼ直方体」[33] で，各辺の長さはそれぞれ $\Delta\ell$，$\ell\Delta\theta$，Δz になる。また，ブロックの体積は

[33] 中心部分には『くさび型』のブロックが残るのだけど，ごく小さな領域なので無視しよう。

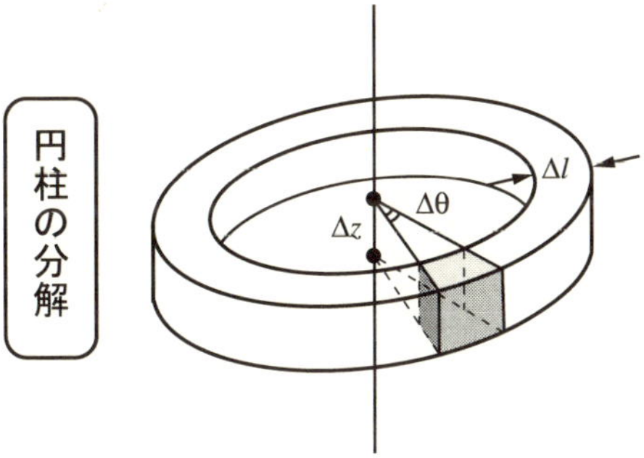

体積素片　$$\Delta V = \Delta\ell\ \ell\Delta\theta\ \Delta z \tag{130}$$

で与えられる。$\Delta\ell\ \Delta\theta\ \Delta z$ **ではない**点に注意しよう。

この小さな直方体中で $\boldsymbol{F}$ の発散 $\nabla\cdot\boldsymbol{F}$ は，ほぼ一定と考えて良いだろう。そうすると，このブロックからの発散量は，ブロックの体積 ΔV を掛けたもの

$$(\nabla\cdot\boldsymbol{F})\Delta V = \nabla\cdot\boldsymbol{F}(\boldsymbol{r}(\ell_i,\ \theta_j,\ z_k))\Delta\ell\ \ell\Delta\theta\ \Delta z \tag{131}$$

になる。これを i，j，k について和を取ると，円柱内部からの発散量を近似的に求められる。

$$\sum_{i=0}^{N_R-1}\sum_{j=0}^{N_\Theta-1}\sum_{k=0}^{N_Z-1}\nabla\cdot\boldsymbol{F}(\boldsymbol{r}(\ell_i,\ \theta_j,\ z_k))\Delta\ell\ \ell\Delta\theta\ \Delta z \tag{132}$$

最後に $\Delta\ell$，$\Delta\theta$，Δz を 0 に持って行く極限を取ると，円柱内部からの発散量は

覚えよう！　$$\int_0^R\int_0^{2\pi}\int_0^H \nabla\cdot\boldsymbol{F}(\boldsymbol{r}(\ell,\ \theta,\ z))\,\ell\,\mathrm{d}\ell\,\mathrm{d}\theta\,\mathrm{d}z \tag{133}$$

と，正確に 3 重積分の形で求められる。ちょっと注意しておきたいポイントは，積分の右端に現れる記号は $\ell\,\mathrm{d}\ell\,\mathrm{d}\theta\,\mathrm{d}z$ であって $\mathrm{d}\ell\,\mathrm{d}\theta\,\mathrm{d}z$ ではない点だ。

円柱の内部からの発散が，円柱座標を使った積分で書けてもあまり御利益を感じないかもしれない。実際の応用でよく出くわす例が，

$$g(\ell) = \nabla \cdot \boldsymbol{F}(\boldsymbol{r}(\ell, \theta, z)) \tag{134}$$

という風に $\boldsymbol{F}$ の発散が半径 ℓ にしか関係しない場合で，そうならば上の積分は

$$\int_0^R \int_0^{2\pi} \int_0^H g(\ell)\,\ell\,\mathrm{d}\ell\,\mathrm{d}\theta\,\mathrm{d}z = 2\pi H \int_0^R g(\ell)\,\ell\,\mathrm{d}\ell \tag{135}$$

と，めっちゃ簡単になる。3重積分が1重積分（？）に還元できる，コレを「重積がとける」という（←信じないように!!）。仮に $g(\ell)$ が定数 $g(\ell) = \rho$ ならば積分の結果は $\pi R^2 H \rho$，つまり（円柱の体積）×ρ だ。

◆◆自説の撤回◆◆

　円柱の分解，といって思い浮かぶのが，中世ヨーロッパのお城だ。塀の四隅に「見張り台」の役目を持った丸い塔が立っている。近付いてみると，四角い——というか少し歪な——石を，うま～く積み重ねて円筒形の塔を形作っている。目を凝らすと，割れている石もあってゾッとするのだけど，それでも全体が崩れることなく今日に伝わっている。凄いな～と感激していると，旅行ガイドがポツリと言うには「実は○○年に崩れて○人の死者を出しました」と。円柱崩れて天誅と化す。文化を守るということは，時に命がけなのだ。幸い，物理には命をかけて守るほどの物はない。ガリレオ・ガリレイ(Galileo Galilei)が中世末期に異端審問にかけられ，拷問を目の前にして自説を『撤回』したことは有名だけど，命をかけようとかけまいと科学的真実に影響する訳ではないので，命があった方がず～っと良い。

チッ、
ど～せっ!
石攻めは
キライじゃ!

Galilei (1564～1642)

◇◇球と球座標◇◇

ちょっと前に「半径 R の球内に一様な密度 ρ_0 で電荷が存在する場合」を考えた。この例に限らず，球も，直方体や円柱と並んでよく取り扱われる形だ。球の中の点 P の位置は，図のように球の中心からの距離 r，「北極点」からの角度 θ，および，X 軸からの「赤道回り」の角度 ϕ の組 $\{r, \theta, \phi\}$ で表すのが便利だ。

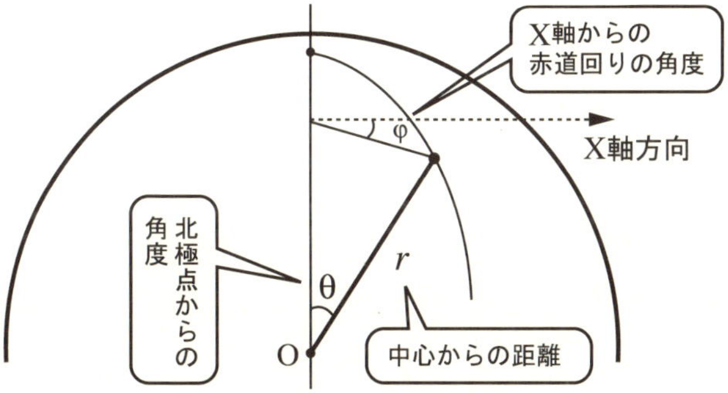

こういう座標の取り方を「球座標」という。ちなみに点 P の位置を XYZ 座標で書くと次のようになる。

球座標
$$\boldsymbol{r}_{\mathrm{P}} = \boldsymbol{r}(r, \theta, \phi) = \begin{pmatrix} r\sin\theta\cos\phi \\ r\sin\theta\sin\phi \\ r\cos\theta \end{pmatrix} = \begin{pmatrix} x(r, \theta, \phi) \\ y(r, \theta, \phi) \\ z(r, \theta) \end{pmatrix} \tag{136}$$

球からの発散量　球の内部からの発散量を求める作業は，円柱の時と似たようなもので，半径 R の球を半径方向に N_{R} 個の，厚みのある部分——球殻（きゅうかく）——に切り分け，それを θ 方向に「北から南」へと N_{Θ} 個の環に分割し，最後に ϕ 方向に N_{Φ} 個の「少しゆがんだ直方体」に切り分ける。球の中心から i 番目，北から j 番目，X 軸方向から数えて k 番目のブロックの中心位置は，微小量

$$\Delta r = \frac{R}{N_{\mathrm{R}}},\ \Delta\theta = \frac{\pi}{N_{\Theta}},\ \Delta\phi = \frac{2\pi}{N_{\Phi}} \tag{137}$$

を使って次のように表せて，

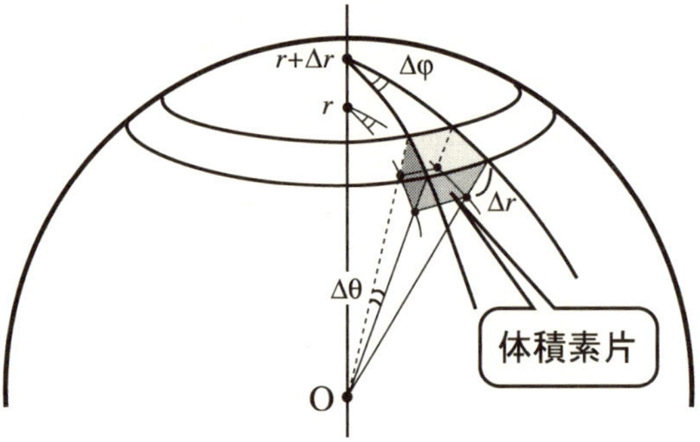

$$\{r_i, \theta_j, \phi_k\} = \left\{\left(i+\frac{1}{2}\right)\Delta r,\ \left(j+\frac{1}{2}\right)\Delta\theta,\ \left(k+\frac{1}{2}\right)\Delta\phi\right\} \tag{138}$$

その位置ベクトルは $\boldsymbol{r}_{ijk} \equiv \boldsymbol{r}(r_i, \theta_j, \phi_k)$ になる。ブロックの各辺の長さは，図のように Δr，$r\Delta\theta$，および $r\sin\theta\,\Delta\phi$ だから，その体積は

体積素片 $$\Delta V = r^2 \sin\theta\,\Delta r\,\Delta\theta\,\Delta\phi \tag{139}$$

で与えられる[34]。かくして球の内部からの発散量は

$$\sum_{i=0}^{N_R-1}\sum_{j=0}^{N_\Theta-1}\sum_{k=0}^{N_\Phi-1}\nabla\cdot\boldsymbol{F}(\boldsymbol{r}(r_i, \theta_j, \phi_k))\,r^2\sin\theta\,\Delta r\,\Delta\theta\,\Delta\phi \tag{140}$$

と各ブロックからの発散量の和で近似できて，更に Δr，$\Delta\theta$，$\Delta\phi$ を 0 に持って行く極限を取って

覚えよう！ $$\int_0^R\int_0^\pi\int_0^{2\pi}\nabla\cdot\boldsymbol{F}(\boldsymbol{r}(r, \theta, \phi))\,r^2\sin\theta\,\Delta r\,\Delta\theta\,\Delta\phi \tag{141}$$

と求められる。実際の応用で，よく出会うケースが $\nabla\cdot\boldsymbol{F}(\boldsymbol{r}(r, \theta, \phi))$ が r のみの関数 $g(r)$ である場合。角度についての積分

$$\int_0^\pi\int_0^{2\pi}\sin\theta\,\mathrm{d}\theta\,\mathrm{d}\phi = \left(\int_0^\pi\sin\theta\,\mathrm{d}\theta\right)\left(\int_0^{2\pi}\mathrm{d}\phi\right) = 2\pi\int_0^\pi\sin\theta\,\mathrm{d}\theta \tag{142}$$

は $(-\cos\theta)' = \sin\theta$ より

$$2\pi\int_0^\pi\sin\theta\,\mathrm{d}\theta = 2\pi\Big[-\cos\theta\Big]_0^\pi = 4\pi \tag{143}$$

---

[34] もっとナマけて，簡単に体積素片 ΔV を求める方法がある。楽をしたければ 10 章をカンニング読みせよ。

と定数 4π，つまり半径1の球の表面積で書けるから，球内部からの発散量は

$$\int_0^R g(r)\,4\pi r^2 \mathrm{d}r \tag{144}$$

と簡単な積分で表すことができる。さらに $g(r)$ が定数 a ならば

$$\int_0^R a 4\pi r^2 \mathrm{d}r = a\left[4\pi\frac{r^3}{3}\right]_0^R = a\frac{4\pi R^3}{3} \tag{145}$$

と球の体積に a を掛けたものになる[35]。

◇◇ガウスの帳尻合わせ◇◇

最初に出て来た『子犬型』のような複雑な領域からの発散量は，円柱や球のように簡単には書けない。それでも，いちいち言葉で「○○型の領域からの発散量」と書くよりは，1行の数式で書いておく方が紙数の節約になる。そこでナマケ者の物理・数学屋さん達は「領域D内部からの発散量」を

体積分

$$\int_D \nabla\cdot\boldsymbol{F}(\boldsymbol{r})\,\mathrm{d}V \tag{146}$$

と形式的な積分記号を使って書き表すことにした。数式の意味を説明すると，$\mathrm{d}V$ は領域D内の微小領域（＝体積素片）の微小な体積で，積分記号 $\int_D$ は領域Dの内部について，それぞれの微小領域からの発散量への寄与 $\nabla\cdot\boldsymbol{F}(\boldsymbol{r})\mathrm{d}V$ を合計する総和を表している。領域Dの体積に関係した積分だから，これを体積(Volume)積分(Integral)と呼びたい所だけど....なぜか訳語は「体積分」が定着していて，体積積分とは言わないのが普通だ[36]。さっき計算した球の場合 $\int_D$ は3重積分 $\int_0^R\int_0^\pi\int_0^{2\pi}$ に相当していて，また $\mathrm{d}V$ は $r^2\sin\theta\,\mathrm{d}r\,\mathrm{d}\theta\,\mathrm{d}\phi$ と具体的に表されていた訳だ。$\mathrm{d}V$ のことを $\mathrm{d}\boldsymbol{r}$ とか d^3r などと書き表すこともある。

こうして，領域Dから「発散して行く」分量は，領域Dがどんな形をしていても形式的には数式に乗せることができた。ところで，よくよく考

[35] 球の体積は，微積分学が完成されるよりもず〜っと以前，紀元前のアルキメデスの時代には既に求められていた。恐るべし先人の知恵!!

[36] このルールを使うと「民主主義」は「民主義」になる?!

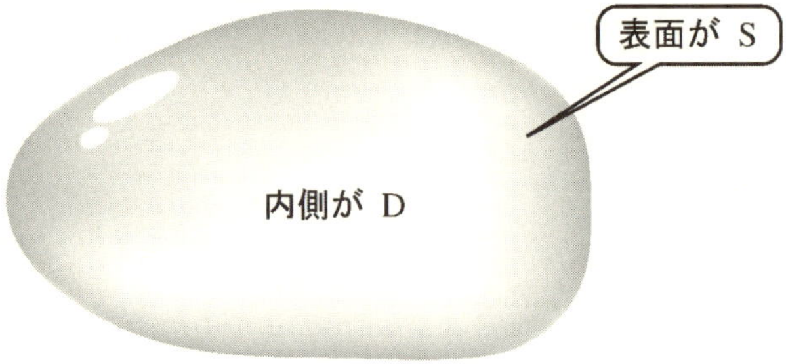
表面が S
内側が D

えると――いや何も考えなくても――**領域 D 内部からの発散量は,「D の表面 S」を通って流れ出るはずだ**。ベクトル解析では,これを,形式的に

面積分　$$\int_S \boldsymbol{F}(\boldsymbol{r})\cdot \mathrm{d}\boldsymbol{S} \tag{147}$$

と書いて「面積分」とか「表面(Surface) 積分(Integral)」と呼ぶ。何のこっちゃ？　と思われるのは無理もないことなので,記号の意味はおいおい説明するとして,「D からの発散量は D の表面 S を通過する流れを合計したものである」という,しごく当然な関係式が成立しているのは,誰の目にも明らかだ。

ガウスの公式　$$\int_D \nabla\cdot \boldsymbol{F}(\boldsymbol{r})\mathrm{d}V = \int_S \boldsymbol{F}(\boldsymbol{r})\cdot \mathrm{d}\boldsymbol{S} \tag{148}$$

「流れの帳尻合わせ」とでも表現できるだろうか。この当たり前な関係式を,系統立てて整理したのが Gauss(ガウス) という結構有名な数学者なので,上の式は「ガウス(Gauss)の公式」と呼ばれている。

頭**ガウス**い!!
という噂も
チラホラ……
Gauss (1777〜1855)

◆◆ゴミと間接税◆◆

あちこちで，少しづずつ放出されたものも，合計するとトンデモナイ量になる。ゴミや下水がその代表で，各家庭から出されるゴミはいくら多くても1週間あたり10［Kg］を超えることは稀である。ところが，集めてみると何百［t（トン）］，何千［t］になってしまう。逆に，コレをうま〜く利用したのが「間接税」で，人々が日々の買い物に少しずつ出費する，なけなしの金に○%の税金を掛けることによって，何兆円もの国税収入を確保する。税金が「わき出す」うまいシステムだ。日々の買い物だと，この「重税感」にあまり気付かないのだけど，自動車や家など，特に高額の商品を購入する時には，目を回すことになる。また，税率が上がる度に「貯金の一部は既に税金として予約されてしまっている」のだ。間接税には，くれぐれも御注意。

税率の第一法則
直接税は100%を越えないが、間接税は超える可能性がある。

懐石 a la 問答

—ちょっと危なげな足取りで厠（かわや）から「無（む）作法人」が戻って来た。

西野「なかなか風流な眺めだった」

学生「風流って，風の流れをネタにベクトル場になだれ込むんでしょ？」

西野「いやいや，金魚がいたんだ，水槽に」

学生「金魚〜？　また 金○（○○ tama）とか何とか，低次元な話じゃないでしょうね?!」

西野「もっと低次元。ホラ，縁日で『金魚すくい』をやった経験は？」

学生「悲惨な経験ですよ，お祭りの日に特別にもらったお小遣いが，みるみる無くなる...」

西野「オレは『型抜き』で数千円スッて，オヤジのビンタを食らった」

学生「西野さんって『あらゆる誘惑』に弱い人間なんですね」

西野「『白い粉』とか『研究機密費』には手を出してないぞ。で，金魚すくいだけど，あれにはコツがある。水をグイっと『かく』と，薄い網が破れてしまうんだ」

学生「じゃあ，どうするんですか？」

西野「網を通り抜ける水の量を少なくすればいいんだ。網の面を，動かす方向とは斜めにするんだよ。できれば，水が通り抜けないように真横に動かした方がいい」

学生「真横ですか？ それで金魚がすくえますか？」

西野「オッチャンの見てない所で，水に手をつけて，金魚を水面に呼び寄せておく，これぞ極意。但し，すくい過ぎると『オッチャンの鋭い視線』を感じて恐くなるので，早々に退散する」

学生「網の動かし方，ちょっと実演できます？」

西野「こうだよ，こうサラリと，こんな風に」

－ガチャ～ン。金魚すくいの真似をしたら，徳利を倒して割っちゃった！

女将「あらあら，西野さん，毎度の粗相（そそう）ですね。お高く付きますよ～」

西野「ひょ～免責分（表面積分）だよね，コレ...」

いや，ツケ払いとなるだろう，ナンマンダ（何万だ？）。

トックリ が消える トリック

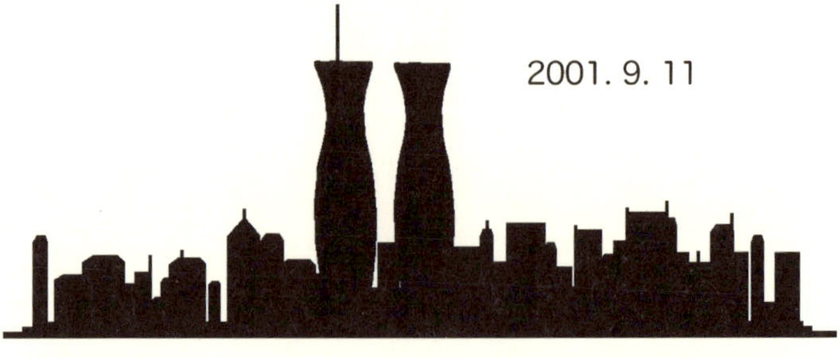

◇◇面を通り抜ける流れ◇◇

夏から初秋にかけては，どこまでも続く水田（たんぼ）で稲が青々と育つ。あぜ道を歩くと，あちこちに「白い網」を見つける。網のまん中で腹を空かして待ち構えているのは黄色い腹の八本足，そう，至るところ蜘蛛（クモ）の巣だらけなのだ。クモの巣に近寄って，よ～く眺めてみると，網の目一つ一つは少し歪（ゆが）んだ台形で，それらがつながって「網全体」を形作っている。蜘蛛の糸はとても細いので空気抵抗は小さく，風はほとんど網を素通しで通り抜けて行く。ここで物理屋は思案する，網目を通り抜ける空気の体積は，どれだけなのだろうか？？　物理屋の習性に従って，チョイと数式に乗せてみよう。

（網の目一つに注目）　ある一つの網の目で囲まれた小さな平面 A を考える。網の目の中心，つまり平面 A の「ドまん中」の位置を $\boldsymbol{r}_{\mathrm{A}}$ と書こう。また，A の面積を ΔS_{A} と置こう。一つ一つの網目の面積は小さいので，「小さいヨ」という雰囲気を出すために記号 Δ を使った。

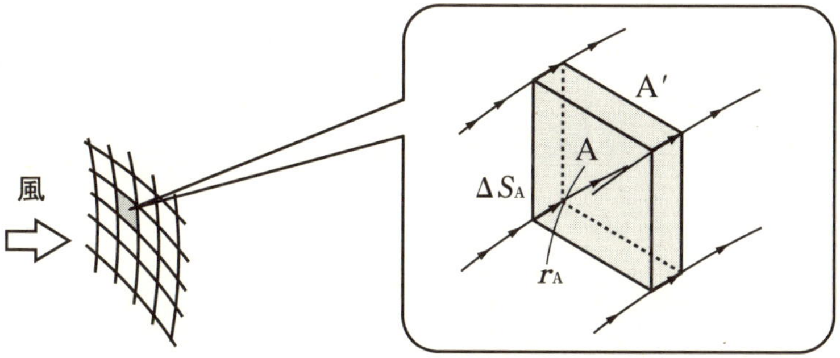

空気の流れを $\boldsymbol{v}(\boldsymbol{r}, t)$ とベクトル場で表すとき，時刻 t_0 から $t_0+\Delta t$ の間に，どれくらいの空気が平面 A を通過するだろうか？　事情を少し簡単にするために，二つの近似をしよう。

- 網の目は充分小さくて，平面 A の上のどこでも流れの速度 $\boldsymbol{v}(\boldsymbol{r}, t)$ はほぼ一定値 $\boldsymbol{v}_{\mathrm{A}} = \boldsymbol{v}(\boldsymbol{r}_{\mathrm{A}}, t)$ であると見なせる。
- Δt は充分に小さくて，t から $t+\Delta t$ の間に流れの速度は（至る所で）$\boldsymbol{v}_{\rm A} = \boldsymbol{v}(\boldsymbol{r}, t_0)$ からほとんど変化しないと考える。

この場合，時刻 t_0 に平面 A 上にあった空気は，微小時間 Δt 後には「平面 A を流れに沿って $\boldsymbol{v}_{\rm A}\Delta t$ だけ平行移動した面 A′」に到達している。つまり，面 A と面 A′ にサンドされた領域の空気が，t_0 から $t_0+\Delta t$ の間に A を通過したのだ。その体積は底面の面積 $\Delta S_{\rm A}$ と領域の高さ「Δh = 面 A と面 A′ の間の間隔」の積で与えられる。Δh について，明らかに次の関係が成立している。

サルでもわかること

- 流れ $\boldsymbol{v}_{\rm A}$ が面 A に平行ならば $\Delta h = 0$　（金魚すくいの極意！）
- 流れ $\boldsymbol{v}_{\rm A}$ が面 A に垂直ならば $\Delta h = |\boldsymbol{v}_{\rm A}|\Delta t$

じゃ～その中間は？ 「**法線**」と呼ばれる，面に垂直な直線 N を考え，N と $\boldsymbol{v}_{\rm A}$ の間の角度を θ と置くと，図のように

サルにはわからないこと　　$\Delta h = |\boldsymbol{v}_{\rm A}|\cos\theta\Delta t$

で面 A と面 A′ の間隔 Δh が与えられる。

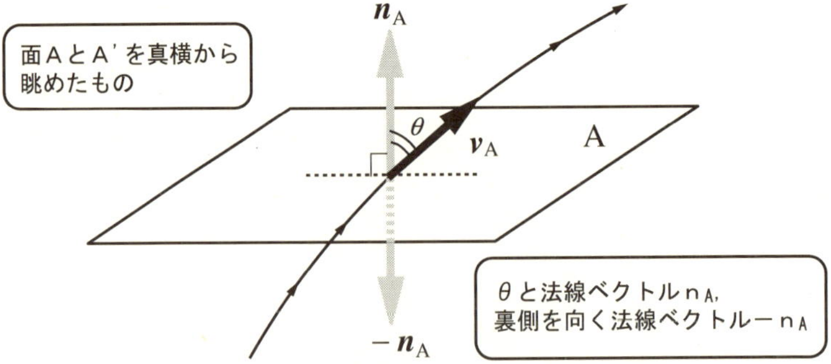

「$\cos\theta$ アル所ニ内積アリ」と感じるようになったら，貴方は既にベクトル解析のプロ。直線 N の方向を示す単位ベクトル，つまり面 A に垂直な方向を向く単位ベクトルを「法線ベクトル（Normal Vector）」と呼ぶ習慣があって，普通は文字 $\boldsymbol{n}$ を使ってこれを表す[37]。いま考えているのは面 A の法線だから，

[37] $\boldsymbol{e}_N$ と書いても良さそうなのだけど，歴史的に $\boldsymbol{n}$ が使われるようになった。

添え字を付けて $\boldsymbol{n}_{\mathrm{A}}$ としよう。これを使うと，面の間隔 Δh は

$$\Delta h = (\boldsymbol{v}_{\mathrm{A}} \cdot \boldsymbol{n}_{\mathrm{A}}) \Delta t \tag{150}$$

と変型することができる。

面の表と裏 ここで「あれっ？」と思った人もいるだろう。$\boldsymbol{n}_{\mathrm{A}}$ と $-\boldsymbol{n}_{\mathrm{A}}$ は両方ともに面Aに垂直な単位ベクトルなのだけど，どっちか一つを「法線ベクトル」に選ばなければならない。普通はどうするかというと，網全体の表と裏をまず決めて，面Aの法線ベクトル $\boldsymbol{n}_{\mathrm{A}}$ は裏から表の方向を向いているものと約束する。

この約束の下では，$\Delta h>0$，つまり $\theta<\pi/2$ ならば空気は面Aの裏から表に通り抜け，$\Delta h<0$，つまり $\theta>\pi/2$ ならば表から裏に通り抜けることになる。いちいち場合分けするのは面倒だから，微小時間 Δt の間に「面Aを裏から表へ向けて通り抜けた」空気の体積を

$$\Delta V_{\mathrm{A}} = \Delta S_{\mathrm{A}} \ (\boldsymbol{v}_{\mathrm{A}} \cdot \boldsymbol{n}_{\mathrm{A}}) \ \Delta t \tag{151}$$

と表して，これが負の場合は ΔV_{A} が「表から裏側へ」通り抜けたことを意味する，と考えるのが便利だ。

網全体を考える 蜘蛛の巣——蜘蛛が嫌いな人は「虫取り網」を考えてもいい——を通り抜ける空気の体積 $\Delta V_{網全体}$ は，一つ一つの網目を通り抜ける体積 $\Delta V_{各網目}$ の和になっている。網目が全部で M 個あるとして，

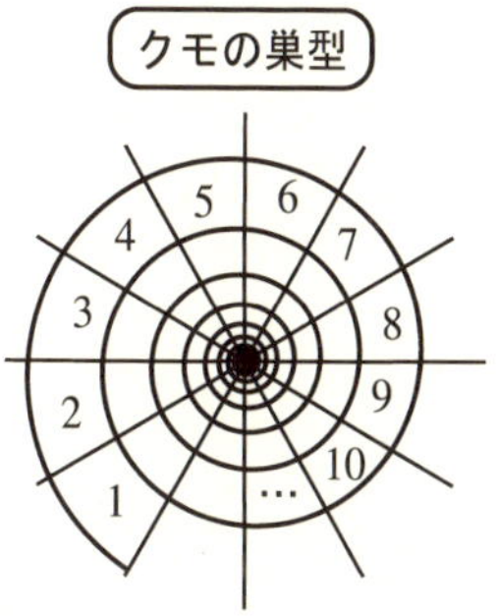

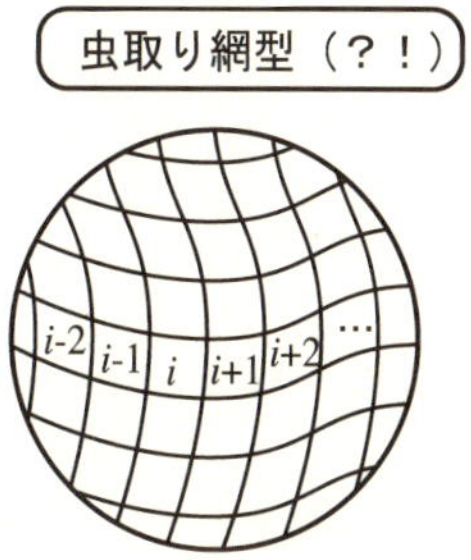

いろいろな網

それぞれに $i=0$ から $i=M-1$ までの番号を振ると，和を取る作業は次のように表せる。

$$\Delta V_{\text{網全体}} = \sum_{i=0}^{M-1} \Delta V_i = \sum_{i=0}^{M-1} \Delta S_i (\boldsymbol{v}_i \cdot \boldsymbol{n}_i) \Delta t \tag{152}$$

ここで S_i は i 番目の網の目の面積で，$\boldsymbol{n}_i$ はその法線ベクトルだ。ΔS_i と $\boldsymbol{n}_i$ の積を

面積素片

$$\Delta \boldsymbol{S}_i = \Delta S_i \boldsymbol{n}_i \tag{153}$$

と微小な長さのベクトル $\Delta \boldsymbol{S}_i$ で表すと単位時間あたりに網全体を通り抜けた空気の体積を

$$\frac{\Delta V_{\text{網全体}}}{\Delta t} = \sum_{i=0}^{M-1} \boldsymbol{v}_i \cdot \Delta \boldsymbol{S}_i = \sum_{i=0}^{M-1} \boldsymbol{v}(\boldsymbol{r}_i) \cdot \Delta \boldsymbol{S}_i \tag{154}$$

と少し短く書くことができる。この式に似た物を，どこかで見たことがあるな～?!　そう，網全体の面積 $S_{\text{網全体}} = \sum_{i=0}^{M-1} \Delta S_i$ を一定に保ったまま「網目を細かくして行く」，つまり網の目の個数 M を無限大へ持って行くと，上の総和は

$$\sum_{i=1}^{M-1} \to \int_{\mathrm{S}=\text{網全体}} \qquad \boldsymbol{v}(\boldsymbol{r}_i) \to \boldsymbol{v}(\boldsymbol{r}) \qquad \Delta \boldsymbol{S}_i \to \mathrm{d}\boldsymbol{S} \tag{155}$$

という記号の置き換えで積分に書き直せる。ここでSは積分を実行する「網目の全体」を表す。この置き換えにより，式（154）は

$$\frac{\Delta V_{\text{網全体}}}{\Delta t} \to \int_{\mathrm{S}=\text{網全体}} \boldsymbol{v}(\boldsymbol{r}) \cdot \mathrm{d}\boldsymbol{S} \tag{156}$$

と「網目全体Sについての面積分」に持ち込める。コレが，面積分の具体的な意味だ[38]。

ここまで流れのベクトル場 $\boldsymbol{v}(\boldsymbol{r})$ を例に取って来たけど，ベクトル場であればどんな物についても，その面積分を

$$\sum_{i=0}^{M-1} \Delta S_i (\boldsymbol{F}_i \cdot \boldsymbol{n}_i) = \sum_{i=0}^{M-1} \boldsymbol{F}(\boldsymbol{r}_i) \cdot \Delta \boldsymbol{S}_i \quad \to \quad \int_{\mathrm{S}=\text{網全体}} \boldsymbol{F}(\boldsymbol{r}) \cdot \mathrm{d}\boldsymbol{S} \tag{157}$$

---

[38] 記号が紛らわしいけど，Sが網目全体を表す記号で，イタリック文字の S が網の面積を表す。

という風に，ΔS_i を小さくして行く極限操作で与えることができる。...
但し，極限を取る前の ΔS_i の具体的な形がわかっていないと，この積分は実行できないので，依然として「面積分って何じゃらホイ？」の状態だ。網目の形それ自身を，数式に乗せて $\boldsymbol{n}_i$ と S_i を具体的に求める必要がある。その前に，ちょっと一服。

◆◆抵抗に抵抗する◆◆

網をブンブン振ると「空気抵抗」を感じる。網を織る糸が細ければ細いほど，抵抗は減って行く，本当か？ 空気には（わずかに）粘り気があるので，太さゼロの糸でも「粘性抵抗」を免れることはできない。

一方，空気を気体分子の集まりだと考えると，分子が糸にブチ当たって生まれる抵抗は，太さがゼロの極限でゼロになりそうだ。（ホントかな？）こういった矛盾（？）を感じる時には，一段掘り下げて考えなければ，どれだけ頭を捻(ヒネ)っても答えに到達しない。興味がある方は「分子運動論」だとか「統計力学」の本を開くことをお勧めする。

◇◇球座標と面積素片◇◇

Gauss(ガウス)の法則では，領域 D の表面 S を通過するベクトル場 $\boldsymbol{F}$ に対して面積分 $\int_S \boldsymbol{F} \cdot \mathrm{d}\boldsymbol{S}$ を考えた。領域 D の例として，一番単純なのは立方体だ。でも，ちょっと「芸がなさ過ぎる」というか，当たり前過ぎてバカバカしく見える数式が延々と並ぶだけで退屈だから，ちょっと目先を変えて「半径 R の球」を領域 D の一例として取り上げよう。

球の表面で面積分を実行しようとする時，素朴に考えるならば，まず球を小さな面に分ける作業から出発しなければならない。球を面——正確には平面——に分ける？　というと，まず頭に思い浮かぶのがサッカーボールだ。あれは全部で 32 個の面に分かれている。もっと細かく分けるならば，メロン[39]の表面を思い浮かべるのも良いだろう。こんな風に，色々な

[39] アンデス・メロン，マスク・メロン，タカミ・メロンだとか夕張メロンのように表面に網目のあるもの。貧乏人の私はいつも表面がツルっとしたメロンを食べるのだ...

分け方があるのだけど，数式との相性を考えて，これから球面を細かな「台形」に分割しよう。

球面の分割 球の内部での体積分を考えた時には，球座標 $\{r, \theta, \phi\}$ を使うのが便利だった。半径 R の球面を考える時にも，この球座標が大活躍する。次の図は，球の表面を「緯度方向」に N 等分，「経度方向」に M 等分した上で，それぞれの小さな領域を「台形」で近似したものだ。台形の頂点の座標を与えるために，次のような角度（と微小な角度）を導入しよう[40]。

$$\theta_i = i\frac{\pi}{N} = i\Delta\theta$$

$$\phi_j = j\frac{2\pi}{M} = j\Delta\phi \tag{158}$$

これらを使うと，球座標で台形の頂点を簡単に表すことができる。

球座標による球面の台形への分割

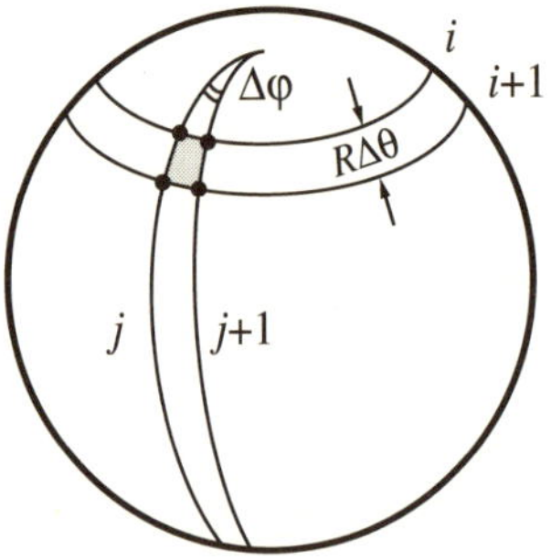

例えば，北から i 番目，X 軸から左（東）回りに j 番目の台形は，4 つの頂点

$$\{R, \theta_i, \phi_j\},\ \{R, \theta_i, \phi_{j+1}\},\ \{R, \theta_{i+1}, \phi_j\},\ \{R, \theta_{i+1}, \phi_{j+1}\} \tag{159}$$

を持っている。台形の「ド真ん中」は $\{R, \theta_{i+\frac{1}{2}}, \phi_{j+\frac{1}{2}}\}$ で表される球面上の点から「ホンの少しだけ」球の中に潜った所にあるのだけど，潜る深さ

[40] ここに出て来る θ_i や ϕ_j は，式（138）のソレと比べると 1/2 だけ値がズレている。同じ記号に違う意味を持たせるのは「罪深い」ことなのだけど，数学屋さんや物理屋さんは「数式を短くしようとして」節操なくヤルので御注意。

は非常に小さいので[41]，以後この「潜り分」は無視して，台形の中心を $\{R, \theta_{i+\frac{1}{2}}, \phi_{j+\frac{1}{2}}\}$ で近似的に表そう。なお，半端な 1/2 を含む角度は次のように定義した。

$$\theta_{i+\frac{1}{2}} = \left(i+\frac{1}{2}\right)\Delta\theta, \quad \phi_{j+\frac{1}{2}} = \left(j+\frac{1}{2}\right)\Delta\phi \tag{160}$$

台形領域の面積　四隅の位置が決まったところで，この台形の面積を求めてみよう。まずは高さ Δh，これは台形の中心から底辺に垂直な線をひいて，図のように辺に交わった交点 a と b の間の距離だ。

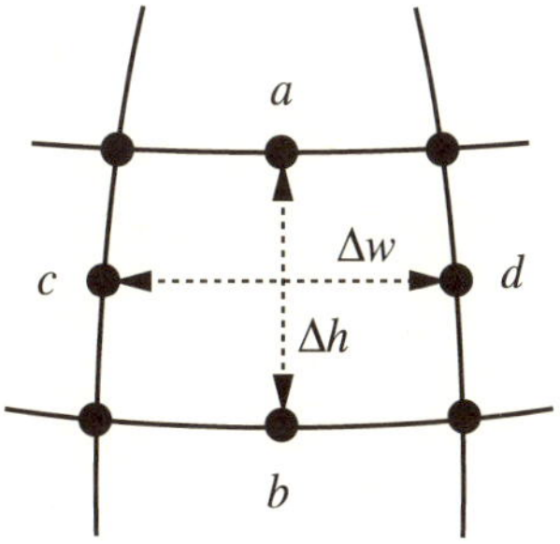

a は $\{R, \theta_i, \phi_{j+\frac{1}{2}}\}$ から，b は $\{R, \theta_{i+1}, \phi_{j+\frac{1}{2}}\}$ からほんの少しだけ潜った所にあるから，a b 間の距離は，ほぼ

$$\Delta h \sim |\boldsymbol{r}(R, \theta_{i+1}, \phi_{j+\frac{1}{2}}) - \boldsymbol{r}(R, \theta_i, \phi_{j+\frac{1}{2}})| \sim R\Delta\theta \tag{161}$$

で与えられる。場所によらず Δh が一定なのは，最初からそうなるように北から南へ切り分けたので，当然といえば当然だ。同じように，台形の幅（＝上下の平行な辺の長さの平均）Δw は，台形の中心から水平線を左右に伸ばして，辺と交わった点 c と d の間の距離で，

$$\Delta w \sim |\boldsymbol{r}(R, \theta_{i+\frac{1}{2}}, \phi_{j+1}) - \boldsymbol{r}(R, \theta_{i+\frac{1}{2}}, \phi_j)| \sim R \sin\theta_{i+\frac{1}{2}} \Delta\phi \tag{162}$$

となる。幅 Δw の方は，赤道（$\theta = \pi/2$）で最大値 $R\Delta\phi$ を取り，北極や南極に近付くと狭くなる。かくして，北極点から i 番目，X 軸から東回り

[41] 正確に言うならば $\Delta\theta$ や $\Delta\phi$ の 2 乗に比例する量。

に j 番目の台形の面積は

$$S_{ij} = (R\Delta\theta)(R\sin\theta_{i+\frac{1}{2}}\Delta\phi) = R^2\sin\theta_{i+\frac{1}{2}}\Delta\theta\,\Delta\phi \tag{163}$$

と求められる。ちょっと 1/2 がアチコチに出て来て「濃い」式になって来たけど，もうちょっとの我慢。

台形の法線ベクトル 次に必要なのが，台形の法線ベクトル $\boldsymbol{n}$ だ。直感に頼ると，球の中心 O と台形の真ん中 $\{R, \theta_{i+\frac{1}{2}}, \phi_{j+\frac{1}{2}}\}$ を結ぶ直線は，台形をほぼ垂直に貫くことは明らかだから，球の内側を裏，外側を表と決めれば，台形の法線ベクトルは次式で与えられる。

$$\boldsymbol{n}(\theta_{i+\frac{1}{2}}, \phi_{j+\frac{1}{2}}) = \frac{\boldsymbol{r}(R, \theta_{i+\frac{1}{2}}, \phi_{j+\frac{1}{2}})}{|\boldsymbol{r}(R, \theta_{i+\frac{1}{2}}, \phi_{j+\frac{1}{2}})|} = \begin{pmatrix} \sin\theta_{i+\frac{1}{2}}\cos\phi_{j+\frac{1}{2}} \\ \sin\theta_{i+\frac{1}{2}}\sin\phi_{j+\frac{1}{2}} \\ \cos\theta_{i+\frac{1}{2}} \end{pmatrix} \tag{164}$$

式(163)と(164)をかけると，面積素片が求められる。

面積素片 $$\Delta\boldsymbol{S}_{ij} \equiv (R^2\sin\theta_{i+\frac{1}{2}}\Delta\theta\Delta\phi)\,\boldsymbol{n}(\theta_{i+\frac{1}{2}}, \phi_{j+\frac{1}{2}}) \tag{165}$$

ようやくベクトル場 $\boldsymbol{F}(\boldsymbol{r})$ の球表面を通過して流れ出る量，つまり発散量を

$$\sum_{i=0}^{N-1}\sum_{j=0}^{M-1}\boldsymbol{F}(\boldsymbol{r}(R, \theta_{i+\frac{1}{2}}, \phi_{j+\frac{1}{2}}))\cdot\left\{R^2\sin\theta_{i+\frac{1}{2}}\Delta\theta\Delta\phi\,\boldsymbol{n}(\theta_{i+\frac{1}{2}}, \phi_{j+\frac{1}{2}})\right\} \tag{166}$$

と和の形で表せた。さらに分割の数 N や M を増やすことによって $\Delta\theta$ や $\Delta\phi$ を小さくして行く極限を取ると，面積分を

覚えよう！ $$\int_0^{\pi}\int_0^{2\pi}\boldsymbol{F}(\boldsymbol{r}(R, \theta, \phi))\cdot\left\{R^2\sin\theta\,\boldsymbol{n}(\theta, \phi)\,\mathrm{d}\theta\,\mathrm{d}\phi\right\} \tag{167}$$

と具体的な形の積分に持ち込むことができる。

ベクトル場 $\boldsymbol{F}(\boldsymbol{r})$ が簡単な形をしている場合には，実際に上の面積分を紙とエンピツで実行できる。例えば $\boldsymbol{F}(\boldsymbol{r})=g(|\boldsymbol{r}|)\,\boldsymbol{n}(\theta, \phi)$ の場合，球の表面上で $g(\boldsymbol{r})$ は明らかに $g(R)$ で，また $\boldsymbol{F}(\boldsymbol{r})$ は常に球の表面に垂直なので，面積分は

$$\int_0^{\pi}\int_0^{2\pi} g(R)\,\boldsymbol{n}(\theta,\phi)\cdot\left\{R^2\sin\theta\,\boldsymbol{n}(\theta,\phi)\right\}\mathrm{d}\theta\mathrm{d}\phi = g(R)\,R^2\int_0^{\pi}\int_0^{2\pi}\sin\theta\,\mathrm{d}\theta\,\mathrm{d}\phi \tag{168}$$

となって，式 (142, 143) を使い回すと，結果は $4\pi R^2 g(R)$ だ。この計算，どこかでやったな〜と思う人は記憶力が良い。実は5章の最後で「球の表面の電場の強さ $|\boldsymbol{E}|$ に球の面積 $4\pi R^2$ を掛ける」という算数をやったのだけど，実はコレが「面積分の一番簡単な場合」だったのだ。とすると，式 (123) が成立するのも，単にガウスの法則の一例に過ぎないわけだ。

5章で，もう一つ宿題になっているものがあった。プールに突っ込んだホースからゆるやかに流れ出る，水の流速

$$\boldsymbol{v}(\boldsymbol{r}) = \boldsymbol{r}\,g(r) = A\frac{\boldsymbol{r}}{r^3} = A\frac{1}{r^2}\frac{\boldsymbol{r}}{r} \tag{169}$$

の係数 A は何か？　という問題だ。半径 R の球の表面積は $4\pi R^2$ だから，その表面を通って球外に流れ出す水の体積は

$$4\pi R^2\,|\boldsymbol{v}(R)| = 4\pi R^2 A\,\frac{1}{R^2} = 4\pi A \tag{170}$$

となる。球の内部で「水が沸き出している点」は？　というと，ホースの出口しかあり得ない。つまり，ホースからは単位時間あたり $4\pi A$ の体積の水が周囲に放出されていたのだ。

球以外の形の面，例えば円柱だとか，ラグビーボール型だとか，もっと複雑な形の場合，面積分はどうやって実行すれば良いのだろうか？　もちろん，基本は「表面を細かな領域に分割する」ことだ。ただ，もう少しだけ楽をする方法がある。それについては，10章で面積分や体積分，これから紹介するあと何種類かの積分が出て来た所で，まとめて紹介することにしよう。直ちに知りたい人は，今すぐ10章に飛んで行って，つまみ食いするのも悪くないと思う[42]。

---

[42] もともと本というものは，ロールプレイング・ゲームのような物で，時々は先をチラリとめくってみたり，戻って読み直してみると面白い。特に旧約聖書＋新約聖書は圧巻。

懐石 a la 問答

学生「濃(こ)かったですね～」

西野「最後の一滴まで味わい深い，フォアグラのポトフは」

学生「そやなくて～，ガウスの法則ですよ。なんだか話が長くないですか？」

西野「フォアグラはカモ(鴨)のキモ(肝)，椀物(わんもの)は懐石料理のキモ(主菜)，ついでにガウスの法則はベクトル解析のキモ(要点)」

学生「数式ばっかりで**キモ悪い**です」

西野「そういう時には，ま～一杯。あっ，徳利が無い...女将さ～ん！」

―待っていたかのように，女将さんがグラス浮かぶ銀の鉢を持って来た。

女将「冷たい貴腐(きふ)ワインをどうぞ」

学生「綺麗(きれ)～な黄金色！ 氷水に浮かぶグラスって涼しいですね」

女将「徳利もワインも，ぜ～んぶ西野さんのお勘定ですから，料理長(シェフ)もヤリ甲斐の鬼になってますよ～?!」

西野「ひ～っ，キモを冷やすお言葉。財布はあキモ(秋)近い...」

女将「料理長(シェフ)は『飽き(秋)の来ない味で勝負』ですって，ホホホホホ」

―キモのすわった女将さんは，食器を下げて奥に戻った。

西野「改めて，一杯どうぞ。え～と，未成年じゃなかったよね？」

学生「レディーに歳を聞くのは失礼ですよ」

西野「そう答える人(女)は未成年じゃナイのだ。『未成年者飲酒ほう助』で警察に捕まって，教職を懲戒免職になる心配はない」[43]

学生「個別指導の名を借りたセクハラでも懲戒免職ですよ～！」

西野「難儀やな～!!　エ～わエ～わ，どうせ浮いた人生，今日はナンデモ来いや。目の前にもガウスが来ちょる！」

学生「きゃ～，ガウスの霊なんていや～っ!!」

西野「キモ試しちゃうちゃう，グラスが水に浮いてるやろ？　その浮力(ふりょく)がガウスの法則でパ～ッと求まる」

学生「アルキメデスの法則ですか？ それとガウスさんの関係って...」

---

[43] 20 才未満で，酒飲んで原付きにまたがってるのを，お巡りさんに見つかると，道路交通法で切符を切られるだけでなくて，未成年者飲酒で両親に連絡されるのじゃ，御注意あれ。

西野「濃い関係じゃ。時を超えて，性別を超えての濃い関係，美しいの〜」
—頭の中までキモと化している西野であった。

1978
洒塔 *Chateau* 栗饅 *Climens*
1.er CRU
箏照 *Sauternes* - 薔瑠座区 *Barsac*
APPELLATION BARSAC CONTROLEE
NANYANEN PROPRIETAIRE A BARSAC (GIRONDE)
MIS EN BOUTEILLE AU CHATEAU
PRODUCE OF FRANCE

キモには貴腐

◇◇アルキメデスの原理◇◇

水中を漂う潜水艇が水から受ける浮力 $\boldsymbol{F}$ は？　というと，その大きさは潜水艇が押しのけた水の体積 V に水の密度 ρ と重力加速度 g を掛けたものに等しくて，方向は上向きである。これは「アルキメデスの原理」と呼ばれていて，船や潜水艇の浮力を説明する理論として，よく知られている。

アルキメデスの原理　$$\boldsymbol{F} = -\rho V g\, \boldsymbol{e}_{\mathrm{z}} \qquad (171)$$

（上向きの）浮力 $\boldsymbol{F}$ と潜水艇の自重 M による（下向きの）重力 $Mg\,\boldsymbol{e}_{\mathrm{z}}$ が，ちょうど相殺している時，潜水艇は浮きも沈みもせずに水中を漂う。アルキメデスの原理には，色々な証明方法があって，エネルギー保存則を使って証明したり，水中の物体を棒状のものに分解して浮力を足し合わせることによって，素朴に証明することも可能だ。ちょっと「ベクトル解析のエレガンス」を持ち込むと，スッキリと3行で証明できるので，息抜きのつもりで計算してみよう。

---

[44]「水圧」と書きたかったけど，この言葉はクセもので「10 m 潜った時の水圧は幾らですか？」と質問すると1気圧と答える人と2気圧と答える人がいて困るのだ。

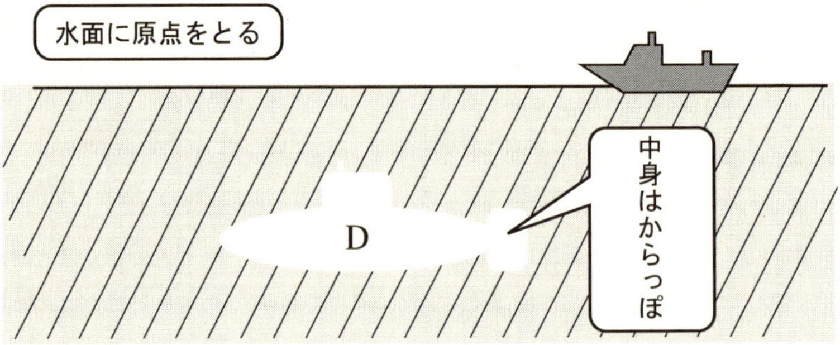

水中を漂う潜水艇の中を領域 D，その表面を S と書こう。図のように，水面に原点を取ると，位置 $\boldsymbol{r}$ での圧力[44] $P(\boldsymbol{r})$ は

$$P(\boldsymbol{r}) = -\rho g z + P_0 \tag{172}$$

で与えられる。P_0 は水面での大気圧だ。$P(\boldsymbol{r})$ は深さ z のみの関数なので，これからは $P(z)$ と書こう。圧力というものは，必ず物体の表面に垂直にかかるので，圧力 $P(z)$ が表面 S を通じて潜水艇に及ぼす力を合計すると，それは

圧力の面積分
$$\boldsymbol{F} = -\int_S P(z)\,\mathrm{d}\boldsymbol{S} \tag{173}$$

になる（式(157)とは違って，被積分関数 $P(z)$ はスカラーだ）。面積素片 $\mathrm{d}\boldsymbol{S}$ は表面 S から物体の外へ向かっているベクトルだけれど，圧力は物体の外から中へ向かって働く力なので，右辺にはマイナス符号が付いている。このままだと，どこにガウスの定理が潜んでいるのか，なかなか発見できないので，$\boldsymbol{F}$ を成分ごとに見て行こう。

Z 成分　$\boldsymbol{F}$ の Z 成分は $\boldsymbol{F}\cdot\boldsymbol{e}_Z$ だから

$$\boldsymbol{F}\cdot\boldsymbol{e}_Z = F_Z = -\int_S P(z)\,\boldsymbol{e}_Z\cdot\mathrm{d}\boldsymbol{S} = -\int_S (-\rho g z + P_0)\,\boldsymbol{e}_Z\cdot\mathrm{d}\boldsymbol{S} \tag{174}$$

と書き表せる。ここで，簡単な関係式

$$\nabla\cdot(P(z)\,\boldsymbol{e}_Z) = \frac{\partial}{\partial z}(-\rho g z + P_0) = -\rho g \tag{175}$$

を思い浮かべて上の式に代入すると，ほら，ガウスの定理を使って，

$$-\int_S P(z)\,\boldsymbol{e}_Z\cdot \mathrm{d}\boldsymbol{S} = -\int_D \nabla\cdot(P(z)\,\boldsymbol{e}_Z)\,\mathrm{d}V = -\int_D(-\rho g)\,\mathrm{d}V = \rho V g \quad (176)$$

押しのけた水の質量 ρV に g を掛けたものが浮力（の Z 成分）$\boldsymbol{F}_Z$ であることが，自動的に示せる。

X 成分と Y 成分 それでは，X 成分 F_X や Y 成分 F_Y はどうだろうか？ $\boldsymbol{F}\cdot\boldsymbol{e}_X$ を計算すると，式（175）とよく似た式

$$\nabla\cdot(P(z)\,\boldsymbol{e}_X) = \frac{\partial}{\partial x}(-\rho g z + P_0) = 0 \quad (177)$$

を得るけれども，今度は微分した結果がゼロなので，体積分も自動的にゼロになる。つまり，水平方向には何の力もかからない。もしも F_X や F_Y がゼロでなかったら「永久機関」を作れるのでエラい騒ぎになると思うけども，自然はそう甘くはない[45]。

アルキメデスの定理は，こうしてガウスの定理によって簡単に証明できたのだけど，計算を眺めていて，定積分の公式

$$\int_a^b \left\{\frac{\mathrm{d}}{\mathrm{d}x}f(x)\right\}\mathrm{d}x = \Big[f(x)\Big]_a^b = f(b)-f(a) \quad (178)$$

とガウスの定理は似ているな～と感じた方もいることだろう。実は，空間が何次元であっても「その次元でのガウスの定理」というものを作ることができて，1 次元の場合は上の（高校で習う）積分公式なのだ。

アルキメデスの公式ついでに，ちょっと蛇足。人間は，息をいっぱいに吸い込んだ状態ならば水に浮く――というのは水面に近い所での話で，素潜りでドンドン深く泳いで行くと，水圧によって肺の中の空気がドンドン圧縮されて行き，次第に浮力が小さくなる。そして，ある水深を境にして，人は水に浮かなくなる。人間が陸上で暮らす生き物である証（あかし）だ。これに対して，鯨やイルカは，肺にたよらなくても皮下脂肪などで充分な浮力を維持できるし，強力な筋肉とネチっこい血液を持っているので，ものすご～く深海まで潜ることができる（その昔，学校給食で食った安い鯨肉のマズかったこと....）。

---

45 「永久機関研究所」という B 級（A級）機関もあるとか。

◆◆パンツの穴◆◆

真空中のマクスウェル方程式の１行目

$$\nabla\cdot\boldsymbol{E}(\boldsymbol{r},t)=\frac{1}{\varepsilon_0}\rho(\boldsymbol{r},t) \tag{179}$$

にガウスの定理をあてはめると

$$\int_{\mathrm{D}}\nabla\cdot\boldsymbol{E}(\boldsymbol{r},t)\mathrm{d}V=\int_{\mathrm{S}}\boldsymbol{E}(\boldsymbol{r},t)\cdot\mathrm{d}\boldsymbol{S}=\int_{\mathrm{D}}\frac{1}{\varepsilon_0}\rho(\boldsymbol{r},t)\,\mathrm{d}V \tag{180}$$

を得る。「閉じた宇宙」を信じるならば，このまま領域Dを大きくして行って，全宇宙をおおい尽くすようにすると，領域の表面というものは無くなってしまうだろう。そうすれば，表面積分はゼロになるので，$\nabla\cdot\boldsymbol{E}$ を全宇宙で積分する積分もゼロだろう。同じ理由で，電荷を全宇宙で合計したものもゼロだろうと誰もが信じている――信じたがっている――のだが，確かめた人はいない。

世の中には，と〜っても疑い深い人もいて，例えば電子の電荷 $-e$ が，陽子の電荷とちょ〜ど逆かどうか調べられている。結果は，測定誤差の範囲内で等しいという，理論的には面白みに欠ける（?）ものであったが，誰もが当たり前と思っていることをさらに確かめてみるという，奥義（とオタクの道）を尽くした実験というものは，それなりに尊い。時には宝が埋蔵されていて，思わぬ発見につながることもある。

ノーベル賞を受けた「**パリティーの破れ**」という現象が見付かったのも，この手のシツコイ人がいたからだ。なお，「**パリティー**」と黒板に書く時には，できるだけハッキリと「リ」の文字を書いた方が良い。さもなくば，読み手が勝手に「リ」を「○」で置き換えてしまう。いや，ハッキリ書いてあっても「**パ○ティーの破れ**」と勝手に訂正して（?!）読んでしまう人の方が多数派だと思う。

第 7 章

浮気相手は ラプラシアン

—貴腐ワインに酔いしれて上機嫌な西野，またまた妙な妄想に爆走中 !!!

西野「ベクトル場ば〜っかり話してると，頭がウニになる。スッキリした気分を味わう為に，ちょっと浮気しよう」

学生「奥さんに内緒で浮気ですか？」

西野「質問に来た女学生と二人っきりで応対するのも『浮気』だとか」

学生「じゃあ，ここはどこでしょう？　貴方は誰と食事してるのでしょ〜か?!」

西野「バ，バラさないでおくれ，後生だから。ここは，そうだね〜，La Place ということにしよう」

学生「La Place って，フランス語ですよね。訳したら，確か『あ・そ・こ』っていう意味ですよね」

西野「これこれ，わざとらしく区切って発音するでナイ。英訳すると，ただの The Place，つまり（既に知っている）あの場所——という意味だ」

学生「やっぱり『あ・そ・こ』じゃないですか」

西野「その，浮気する相手が Laplace（ラプラス）さんなのじゃ」

学生「マイナス×マイナスは？」

西野「あら**プラス**，A La Place で『あそこでネッ』ちゅ〜意味やな。じゃあ，透明な三角定規は?!」

学生「あら**プラス**チックでしょ〜！」

—突如，奥の厨房から，威勢のいい声が聞こえてきた。

ラプラス変換
で有名な人→

ラプラス方程式
で有名な人⇒

ラプラスの魔
で有名な人→

Laplace (1749～1827)

女将「鯛(タイ)のア**ラ**，**ぷらす**一丁(いっちょ～)」

料理長「あいよ～，おい，見習い，サ(皿)**ラ**，**プラス**一枚並べとけ！」

―ここは名付けて「Laプラス庵(Laplacian)」なのだろうか？　いや，「ラプラスの間(ま)」と呼ぶのが似つかわしい。

西野「関西人に駄洒落合戦，挑むだけ無駄じゃの～。じゃあ本題。ラプラスはナポレオン(Napoleon)の時代に生きた人なんだ」

学生「余(ヨ)の辞書に...で有名なナポレオンですね」

西野「そうそう，でも結局は島流しになった。ラプラス(Laplace)は？　というと，ナポレオンが失脚した後も，うま～く立ち回ってるんだ，セコいやつだ」

学生「それは既に関西人ですよ」

西野「で，没したのは1827年。Laplaceを記念して，パリ5区にはRue Laplace，つまり『ラプラス通り』がある」

学生「没年まで関西人ですね，人生いやになっちゃった〜，なんて。もう『川の向こう岸の人』なんですね」

西野「これから，ラプラスさんに特別出演してもらおう。お〜い，ラプラスさん，もう一度『川』を渡ってちょ〜だいっ！」

学生「ゾクゾクっ！　背筋が寒〜いっ。ラプラスの悪魔が私に取り付いたわ!!」

西野「妙だな〜，ラプラスの悪魔は美人が好みなんだけどな〜」

—怪談がテレビ放映され始めたり，キモ試しが行われるようになったら，もう夏も終わりらしい。

◇◇勾配の発散◇◇

予習と復習，どっちが楽しいかというと，誰だって予習の方が楽しいと思うだろう。何か新しいことが学べるんじゃないか，そしたら人生開けるかもしれない，と，ワクワクしながら本を開く... という期待を裏切って，まずは復習から...。何でもいいから，スカラー場 $\phi(\boldsymbol{r})$ に grad $= \nabla$ を作用させると，

勾配ベクトル場
$$\nabla\phi(\boldsymbol{r}) = \mathrm{grad}\,\phi(\boldsymbol{r}) = \boldsymbol{F}(\boldsymbol{r}) \tag{181}$$

になる。∇ は，スカラー場からベクトル場への「懸け橋」だった。これに，節操なく div $= \nabla\cdot$ を作用させると，またまたスカラー場

$$\nabla\cdot\boldsymbol{F}(\boldsymbol{r}) = \mathrm{div}\,\boldsymbol{F}(\boldsymbol{r}) = g(\boldsymbol{r}) \tag{182}$$

に戻って来る。div $= \nabla\cdot$ は，ベクトル場からスカラー場への「懸け橋」だった。じゃあ，最初に考えた $\phi(\boldsymbol{r})$ と，最後に出て来た $g(\boldsymbol{r})$ の関係は？　まず言えるのは「両方ともスカラー場である」ことだ。橋を二度渡って，スカラー場 → ベクトル場 → スカラー場と戻って来たことになる。

地道に成分から計算　もう少し詳しく $\phi(\boldsymbol{r})$ と $g(\boldsymbol{r})$ の関係を眺めてみよう。

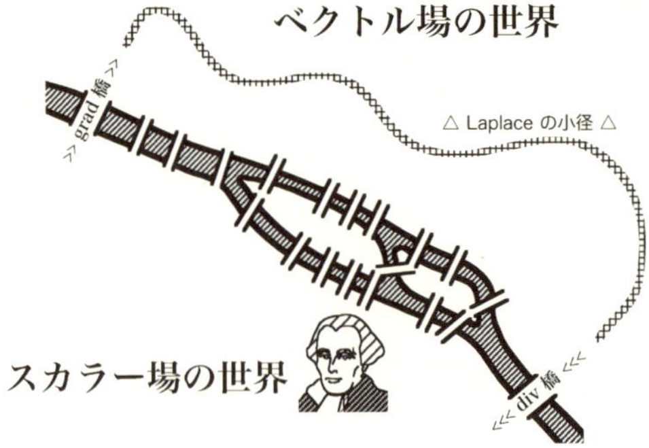

$$g(\boldsymbol{r}) = \nabla\cdot(\nabla\phi(\boldsymbol{r})) = \begin{pmatrix} \dfrac{\partial}{\partial x} \\ \dfrac{\partial}{\partial y} \\ \dfrac{\partial}{\partial z} \end{pmatrix} \cdot \begin{pmatrix} \dfrac{\partial}{\partial x}\phi(\boldsymbol{r}) \\ \dfrac{\partial}{\partial y}\phi(\boldsymbol{r}) \\ \dfrac{\partial}{\partial z}\phi(\boldsymbol{r}) \end{pmatrix} = \frac{\partial^2}{\partial x^2}\phi(\boldsymbol{r}) + \frac{\partial^2}{\partial y^2}\phi(\boldsymbol{r}) + \frac{\partial^2}{\partial z^2}\phi(\boldsymbol{r}) \tag{183}$$

な～るほど，$g(\boldsymbol{r})$ は $\phi(\boldsymbol{r})$ を X，Y，Z 各方向へ 2 回微分したものの和になるんだ。ここで，少しセコく式を短くする工夫をしよう。

$$g(\boldsymbol{r}) = \left(\frac{\partial^2}{\partial x^2} + \frac{\partial^2}{\partial y^2} + \frac{\partial^2}{\partial z^2}\right)\phi(\boldsymbol{r}) = (\nabla\cdot\nabla)\,\phi(\boldsymbol{r}) \tag{184}$$

$\nabla\cdot\nabla$ というのは，∇ をベクトルに見立てて，形式的に内積を取った――つまり各成分の和の 2 乗の和を取った――ものだ。一般に，ベクトル $\boldsymbol{r}$ の自分自身との内積 $\boldsymbol{r}\cdot\boldsymbol{r}$ は $\boldsymbol{r}^2$ と書き表す習慣があったから，コレを使うと $g(\boldsymbol{r}) = \nabla^2\phi(\boldsymbol{r})$ とも書ける[46]。$\overset{\text{ナブラ}}{\nabla}$ が演算子であったように

$$\nabla\cdot\nabla = \nabla^2 = \frac{\partial^2}{\partial x^2} + \frac{\partial^2}{\partial y^2} + \frac{\partial^2}{\partial z^2} \tag{185}$$

も演算子で，スカラー場からスカラー場への「舞い戻る懸け橋」になる。

---

[46] ∇ は演算子であって，本物のベクトルではないから，その絶対値 $|\nabla|$ は考えるだけナンセンスだ。従って $|\nabla|^2\phi(\boldsymbol{r})$ なんて式は存在しない。これに対して $\nabla\phi(\boldsymbol{r})$ はベクトルだから $|\nabla\phi(\boldsymbol{r})|^2$ は意味がある。

こういう物を初めて（？）系統立てて研究したのがラプラス（Laplace）なので，その名前を少しモジってラプラシアン（Laplacian）と呼ぶようになった。ラプラシアン（Laplacian）は ∇^2 と書けば，それで充分なのだけども，何でも新しい記号を作りたがる数学・物理屋さんの悪いクセが出て，歴史的に三角形の記号

$$\boxed{\text{ラプラシアン}} \qquad \triangle = \mathrm{div}\,\mathrm{grad} = \nabla\cdot\nabla = \frac{\partial^2}{\partial x^2}+\frac{\partial^2}{\partial y^2}+\frac{\partial^2}{\partial z^2} \tag{186}$$

が使われるようになった。例えば $g(\boldsymbol{r}) = \triangle\phi(\boldsymbol{r})$ という風に。

> **◆◆∇とΔと△◆◆**
>
> 三角形が山ほど出てくるのが，ベクトル解析の難儀な所だ。∇（下に参ります）と△（上に参ります）は三角形の方向が違うから，まず間違えることはないか。
>
> 要注意なのが微小量を表す記号Δ（デルタ）とラプラシアン（Laplacian）△の区別。活字が微妙に違う。印刷物を見る時は，まだなんとか見分けがつくのだけど，「教授」が講義で板書する時は，どっちも適当に△（三角）印で書いてしまうので，見分けもヘッタクレもない。習い始めたばかりの時には「スカラー関数の前に付くのが△で，それ以外はΔ」と覚えておくのが良いだろう。もし中国で数学が発達していたならば，∇は「傾」，∇・は「散」，ラプラシアンは「散傾」など，ちょっとは見易い（？）記号になっていたろうに…

◇◇ポアソン方程式とデルタ関数◇◇

スカラー関数であれば，どんなものにでも△を作用させることができる。分厚い本をひもとくと「演習問題」と称して

● $\phi(\boldsymbol{r}) = b\boldsymbol{r}^2 + c$ であるとき，$\triangle\phi(\boldsymbol{r})$ を求めよ。(答) $\triangle\phi(\boldsymbol{r}) = 6b$

など無理矢理作ったような例が並んでいる。この手の**無意味な式を次々と眺めさせられる苦行**は，義務教育で終わりにしたい。幸か不幸か，大学や

専門学校では電磁気学が必修科目で，その入門として「静電場」を取り扱う。コレは，ラプラシアンが自然に出て来る一つの例だ。

電磁気学では，まず最初に，スカラー・ポテンシャル $\phi(\boldsymbol{r},\ t)$ と電場 $\boldsymbol{E}(\boldsymbol{r},\ t)$ を習うのが「定石」で，特に両方とも時刻 t に関係しない簡単な（?）場合は「静」の一文字を頭に付けて静電ポテンシャル $\phi(\boldsymbol{r})$，静電場 $\boldsymbol{E}(\boldsymbol{r})$ と，t を抜いて書き表す。$\phi(\boldsymbol{r})$ と $\boldsymbol{E}(\boldsymbol{r})$ は関係式

$$\boldsymbol{E}(\boldsymbol{r}) = -\nabla\phi(\boldsymbol{r}) \tag{187}$$

で結ばれていたことを思い出そう。また，$\boldsymbol{E}(\boldsymbol{r})$ と（時間変化しない）電荷密度 $\rho(\boldsymbol{r})$ の間には

$$\nabla\cdot\boldsymbol{E}(\boldsymbol{r}) = \frac{1}{\varepsilon_0}\rho(\boldsymbol{r}) \tag{188}$$

が成立していた。この二つの式をまとめると，

$$-\frac{1}{\varepsilon_0}\rho(\boldsymbol{r}) = \nabla\cdot\{-\boldsymbol{E}(\boldsymbol{r})\} = (\nabla\cdot\nabla)\,\phi(\boldsymbol{r}) = \triangle\,\phi(\boldsymbol{r}) \tag{189}$$

と，スカラー関数 $\phi(\boldsymbol{r})$ と $\rho(\boldsymbol{r})$ の間の関係式になる。奥義を尽くしてコレを研究した数学者ポアソン(Poisson)[47] に敬意を払って，この関係式をポアソン(Poisson)方程式と呼ぶ。

ポアソン方程式

$$\triangle\,\phi(\boldsymbol{r}) = -\frac{1}{\varepsilon_0}\rho(\boldsymbol{r}) \tag{190}$$

特に，右辺の電荷密度が至る所でゼロな場合をラプラス(Laplace)方程式と呼ぶ習慣がある。

ラプラス方程式

$$\triangle\,\phi(\boldsymbol{r}) = 0 \tag{191}$$

何だか，呼び名ばっかり並んで「数学辞典」みたいになって来たから，一つ具体例を見てみよう。

座標の原点に，電荷が q の「点電荷」があるとき，その周辺の静電ポテンシャルは

---

[47] Poisson はフランス語の「魚」だ。うっかり s を一つ抜くと poison と英語の「毒」になる。「ス(s)抜けた魚は腐って食えない」と覚えると良い...のだろうか...

$$\phi(\boldsymbol{r}) = \frac{1}{4\pi\varepsilon_0}\frac{q}{|\boldsymbol{r}|} = \frac{1}{4\pi\varepsilon_0}\frac{q}{\sqrt{x^2+y^2+z^2}} \tag{192}$$

で与えられるのだった（4 章を見よ。見ても詳しくは説明してないのだが....）。これに $\triangle$（ラプラシアン）を作用させたものを求めよう。下準備として，$\phi(\boldsymbol{r})$ を x で一度微分したものと，二度微分したものを先に計算しておこう。

$$\frac{\partial\phi(\boldsymbol{r})}{\partial x} = \frac{q}{4\pi\varepsilon_0}\frac{\partial}{\partial x}(x^2+y^2+z^2)^{-\frac{1}{2}} = \frac{q}{4\pi\varepsilon_0}\left(-\frac{1}{2}\right)(x^2+y^2+z^2)^{-\frac{3}{2}}2x$$

$$\begin{aligned}\frac{\partial^2\phi(\boldsymbol{r})}{\partial x^2} &= -\frac{q}{4\pi\varepsilon_0}\frac{\partial}{\partial x}\left\{x(x^2+y^2+z^2)^{-\frac{3}{2}}\right\}\\ &= -\frac{q}{4\pi\varepsilon_0}(x^2+y^2+z^2)^{-\frac{3}{2}} - \frac{q}{4\pi\varepsilon_0}x\left(-\frac{3}{2}\right)(x^2+y^2+z^2)^{-\frac{5}{2}}2x\\ &= -\frac{q}{4\pi\varepsilon_0}(x^2+y^2+z^2)^{-\frac{5}{2}}(x^2+y^2+z^2-3x^2) \end{aligned}\tag{193}$$

あ～長い計算だった。$\phi(\boldsymbol{r})$ を y や z で微分したものも，同じ様に（手抜き）計算できて，全部足し合わせると

$$\begin{aligned}\triangle\phi(\boldsymbol{r}) = &-\frac{q}{4\pi\varepsilon_0}(x^2+y^2+z^2)^{-\frac{5}{2}}(x^2+y^2+z^2-3x^2)\\ &-\frac{q}{4\pi\varepsilon_0}(x^2+y^2+z^2)^{-\frac{5}{2}}(x^2+y^2+z^2-3y^2)\\ &-\frac{q}{4\pi\varepsilon_0}(x^2+y^2+z^2)^{-\frac{5}{2}}(x^2+y^2+z^2-3z^2)\end{aligned}\tag{194}$$

となり，地道に計算すると，全ての項が相殺しあって $\triangle\phi(\boldsymbol{r}) = 0$ を得る... ?! あれ？　ポアソン方程式は $\triangle\phi(\boldsymbol{r}) = -(1/\varepsilon_0)\rho(\boldsymbol{r})$ だから至る所 $\rho(\boldsymbol{r}) = 0$ で電荷は存在しない～？　何かを見落としているゾ！

（タネ明かし・デルタ関数） 実は，$\phi(\boldsymbol{r})$ が原点で発散[48]しているので，そこでは微分ができない。これを見落としたのが誤りの始まり。じゃあ，原点 $\boldsymbol{r} = \boldsymbol{0}$ で $\triangle\phi(\boldsymbol{r})$ が，どういった関数なのかというと...，それは $\triangle\phi(\boldsymbol{r}) = -(1/\varepsilon_0)\rho(\boldsymbol{r})$ の右辺が教えてくれる。原点に「点電荷 q」がいる他には，どこにも電荷は存在しないから，$\rho(\boldsymbol{r}\neq\boldsymbol{0}) = 0$。一方で原点

[48] ザンゲの一言（ひとこと）に尽きる。ここに出て来た「発散」は div ＝ ∇・とは無関係で，ただ単に $\phi(\boldsymbol{r})$ が原点 $\boldsymbol{r} = \boldsymbol{0}$ で無限大になってしまうことを意味する数学用語。

$\boldsymbol{r}=\mathbf{0}$ には体積がゼロの一点に電荷 q が集中しているから $\rho(\boldsymbol{r}{=}\mathbf{0})=\infty$。但し，無限大（∞）は無限大（∞）でも，原点を含む領域 D で $\rho(\boldsymbol{r})$ を積分すると，点電荷の電荷量 $\int_{\mathrm{D}}\rho(\boldsymbol{r})\,\mathrm{d}\boldsymbol{r}=q$ をピッタシ与えるような無限大（∞）だ。

こういう一風変わった関数を数式に乗せる為に，ディラック（Dirac）というイギリス人が前世紀の最初の頃に「δ（デルタ）関数 $\delta(\boldsymbol{r})$」というものを提唱した。$\delta(\boldsymbol{r})$ は，どういう関数かというと，

- 原点以外でゼロ，つまり $\delta(\boldsymbol{r}\neq\mathbf{0})=0$
- 原点を含む領域 D で体積分すると 1，つまり $\int_{\mathrm{D}}\delta(\boldsymbol{r})\,\mathrm{d}\boldsymbol{r}=1$

という不思議な性質を持つ関数だ[49]。δ 関数は，それを数学的な意味で厳密に説明しようとすると一冊の本ができるくらいの難物なのだけど，そう深入りしなければ「グラフで表すと，原点でピコーンと無限大の高さに立った棒のような関数」と考えておいても（ほとんどの場合について）不都合を感じないだろう。$\delta(\boldsymbol{r})$ を使うと，点電荷の周囲でのポアソン方程式は

$$\triangle\phi(\boldsymbol{r})=\triangle\left(\frac{1}{4\pi\varepsilon_0}\frac{q}{|\boldsymbol{r}|}\right)=-\frac{q}{\varepsilon_0}\,\delta(\boldsymbol{r}) \qquad (195)$$

と簡潔にまとめられる。

---

[49] 文字 δ を使ったのは，たぶんクロネッカーのデルタ δ_{ij} の連続的な拡張になっているからだろう。クロネッカーがなぜ δ を使ったのか，それは…沈没。

◆◆ノーベル賞で負の賞金◆◆

点電荷の例で $\triangle\phi(\boldsymbol{r})$ を直接計算できないのは何とも『いずい』気分の人も多いだろう。え？『いずい』って何だって？　仙台あたりで「納まりが悪い」といった意味で使われる便利な方言だ。もう少し納得のいく方法は，半径 R の球の中に合計して q の電荷を一様な密度 $\rho = 3q/4\pi R^3$ で詰め込んだ時に，球の内部（および外部）で $\phi(\boldsymbol{r})$ を求めておいて，最後に $R \to 0$ の極限を取ることだ。こうすれば，ポアソン方程式の両辺ともに「少なくとも $R \to 0$ の極限を取る前は」発散しない量で書けるから，少しは『いずい』状態から抜け出すことができる。紙とエンピツを用意して，「力試し」を兼ねて解いてみるといいだろう。ヒントは 4 章にある。

球の内部では

$$\phi(\boldsymbol{r}) = \frac{q}{8\pi\varepsilon_0 R^3}(R^2 - \boldsymbol{r}^2) + \frac{q}{4\pi\varepsilon_0 R} \qquad (196)$$

球の外部では式(68) がその答え。原点 $\boldsymbol{r} = \boldsymbol{0}$ でも $\phi(\boldsymbol{r})$ は無限大にはならない。あれあれ，これは最初にボロクソに評価した「無理矢理作った例 $\phi(\boldsymbol{r}) = b\boldsymbol{r}^2 + c$」に含まれているではないか！　演習問題には，こんな風に出題者の隠れたメッセージが含まれているものだ。もっとも，そんな意図は伝わらないのが普通なのだが.... （もう少し掘り下げると，式(196) はラザフォード模型という原子のモデルと関係している）。

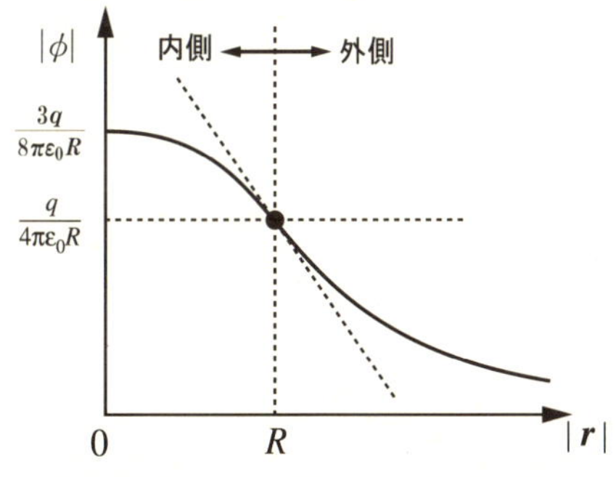

なお「自然界に『点電荷』というものが有るのか無いのか」という問いの答えは，まだ知られていない。いろいろな実験で調べた限りでは，電子

は点電荷に見えるのだけど，確証を得るには程遠い状況だ。結論を与えた人はノーベル賞を授かることだろう（メットをかぶらずに原付きにまたがってる所をお巡りさんに見つかると「ノーヘルメット賞」と「負の賞金」をくれる。有り難いことだ??)。

懐石 a la 問答

西野「帰〜って来たぞ，帰っ〜って来たぞ〜，ラ〜プラ〜シ〜ア〜ン！」

学生「何ですか，その歌？」

西野「中年(ちゅうねん)の万年少年に聞いてごらん。帰って来たウルトラマンがラプラス星人・ラプラシアンを倒すンじゃ」

学生「倒すのは徳利(とっくり)だけにしましょうね」

西野「お勘定と高層ビルも，踏み倒す為にあるジュワッチ！」

学生「その，ラプラス星人(ラプラシアン)の正体は何なんですか？」

西野「あれ，数式使って説明したっしょ？　あ，そ〜か，一つや二つの例で直感的に理解するのは難しいか。じゃあ，もっとテンコ盛りにしよう。今やウルトラの兄弟も 20 人に近いし」

学生「趣味を『お見合い』で語ったから『破談王』になったんですよ...」

西野「ウルトラセブンには『湯島(ゆしま)博士』が出て来る」

学生「見たことありますよ〜，湯川(ゆかわ)博士のパクリですね。『湯崎振一郎博士』ならもっと良かったでしょうに」

西野「うっ，これから語ろうと思ってたことを...どこで知ったの？」

学生「ケーブル TV で深夜放送してますよ，ウルトラマン全シリーズを」

西野「い～こと聞いた，ワシも明日からケーブル TV に加入しよう！」

学生「西野さんは，アイスラッガーが飛んでる最中のウルトラセブンにソックリ!!　みんな『かわい～』って言ってます」

西野「ホメても単位は出ないぞ～」

—何か勘違いしている西野であった。解説すると，アイスラッガーが飛んでる間のウルトラセブンは，頭にトレードマークのチョンマゲが無いのである。う～ん...。ところで，湯川博士って，誰だったっけ？

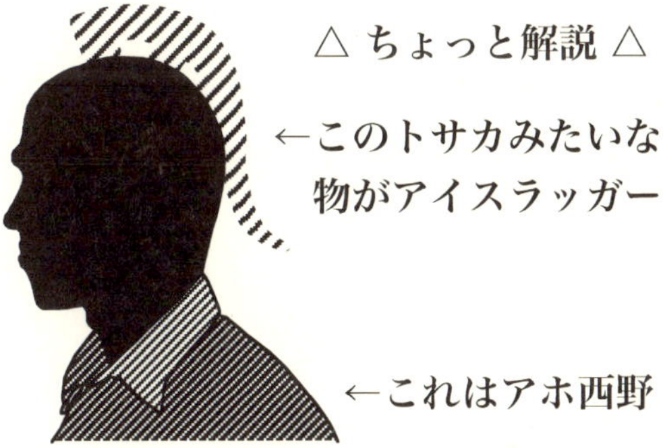
△ ちょっと解説 △
←このトサカみたいな物がアイスラッガー
←これはアホ西野

◇◇ラプラス星人いろいろ◇◇

ラプラシアン(Laplacian)は神出鬼没，いろんな所に顔を出す怪物だ[50]。そもそも「浮気」で始めたラプラシアンについての話なので，息抜き(うわき)は息抜き(うわき)らしく，「深く狭く」ではなく「浅く広く」ポイントを突くことにしよう。少し説明が雑な所があるかもしれないけど，それは，まあ「浮気相手は雑に扱え」と思ってほしい。焼け木杭(ぼっくい)に火がついて本気になったら，その時になってから「深く深く」突いても遅くはない。

(オナラの拡散)　まずは「クサい仲」の話から。クラスの誰かが教室でス

[50] エイリアンやバルバリアン（＝野蛮人）のお友達と思って間違いない。

カンクなみの臭い屁をコクと，ほどなくして教室中に芳香が漂うこととなる。こんな風に，水に入れた砂糖や，線香の煙が周囲に溶け込んで行くことを，まとめて「拡散現象」と呼ぶ。これを数式に乗せてみよう。

まず，空気中の「オナラ分子」の密度を $n(\boldsymbol{r}, t)$ と書く[51]。当然ながら $n(\boldsymbol{r}, t)$ が大きいほど臭い場所だ。オナラの分子は，空気分子に四方八方から衝突されて，時間 t の経過とともにデタラメな方向に動いて行く。その結果として，個々のオナラ分子の運動を平均すると

- オナラ分子は濃い方から薄い方へ流れ，その流れの強さ $\boldsymbol{j}$ は濃度の勾配 $\nabla n(\boldsymbol{r}, t)$ に比例する

ことになる。比例定数を「拡散（Diffusion）」の頭文字を取って D と書くのが習慣なのだけど，これに従うと拡散現象を方程式 $\boldsymbol{j}(\boldsymbol{r}, t) = -D\nabla n(\boldsymbol{r}, t)$ で記述できる。この流れ $\boldsymbol{j}$ に対して5章に出て来た「連続の方程式」を適用すると，「拡散方程式」と名付けられた方程式になる。

拡散方程式

$$-\nabla\cdot\boldsymbol{j}(\boldsymbol{r}, t) = D\triangle n(\boldsymbol{r}, t) = \frac{\partial}{\partial t}n(\boldsymbol{r}, t) \quad (197)$$

早速ラプラシアンが現れた。拡散方程式に従う「スカラー場」はいろいろとあって，例えば固体や豆腐みたいな物体中の温度分布 $T(\boldsymbol{r}, t)$ も，同じ形の方程式に従って時間変化する。「方程式」というものは，その解を求めるために存在する...けど解がいつも簡単に求められるとは限らない。

Fourier (1768～1830)

[51] オナラの密度 $n(\boldsymbol{r}, t)$ は電荷密度 $\rho(\boldsymbol{r}, t)$ とは違って，正または0の量だ。

幸い，拡散方程式には「フーリエ変換（Fourier）」という特効薬があって，$n(\boldsymbol{r},t)$ を任意の時刻 t の任意の場所 $\boldsymbol{r}$ で求めることが可能だ。これを聞いて「本気」になった人は，物理数学の参考書で「フーリエ解析（Fourier）」のページをめくってみると良いだろう。

求められた様々な解の中で，一番基本的なものがガウシアン（ガウス星人？）

$$n(\boldsymbol{r},t)=\frac{A}{\sqrt{4\pi Dt}}\exp\left\{-\frac{\boldsymbol{r}^2}{4Dt}\right\}=\frac{A}{\sqrt{4\pi Dt}}\exp\left\{-\frac{x^2+y^2+z^2}{4Dt}\right\} \quad (198)$$

だ。コレが本当に拡散方程式を満たしているかどうか，検算の為に $D\triangle n(\boldsymbol{r},t)$ をコツコツ計算してみると

$$\left\{\frac{\boldsymbol{r}^2}{4D^2t^2}-\frac{1}{2Dt}\right\}\frac{A}{\sqrt{4\pi Dt}}\exp\left\{-\frac{\boldsymbol{r}^2}{4Dt}\right\} \quad (199)$$

となって，$\dfrac{\partial}{\partial t}n(\boldsymbol{r},t)$ を地道に計算したものと一致していることが確認できた。

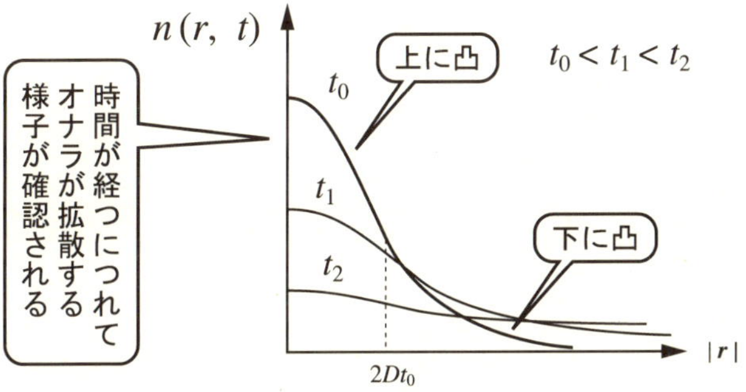

グラフにしてみると「オナラ分子」が時間とともに「薄く広く」広がって行く様子が一目瞭然だろう[52]。

ここで，関数 $n(\boldsymbol{r},t)$ のグラフを，よ～く眺めてほしい。

$r=|\boldsymbol{r}|<2Dt$ では上に凸な関数で，式(198) より明らかなように，$\triangle n(\boldsymbol{r},t)$ は負になっている。$r=|\boldsymbol{r}|>2Dt$ ではその逆。つまり，ラプラシアンは「関数が，どれくらい下に凸なのか？」を引き出す演算子だ

---

[52] 時刻 $t=0$ で $n(\boldsymbol{r},t)=A\delta(\boldsymbol{r})$ が成立している。$t\leq 0$ では $n(\boldsymbol{r},t)$ は何の物理的意味も持たないけど，形式上は拡散方程式を満たしている。

と納得しておけば，ほぼ間違いないだろう。

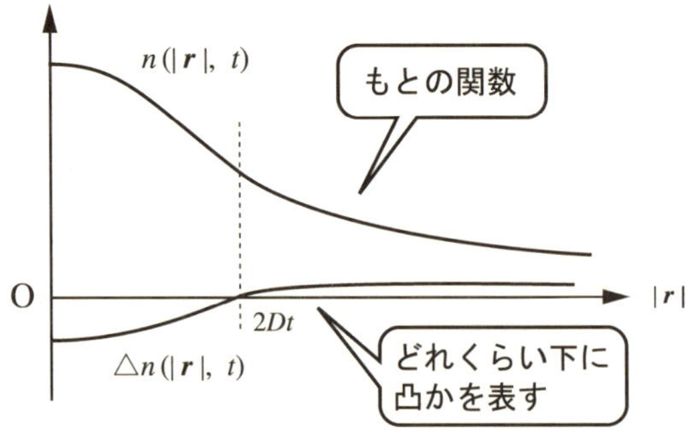

◆◆ DNA の拡散効果？◆◆

「何も隠さない方程式って，な〜んだ?」──「かくさん方程式」... 寒かった。まあ「音を立てないように」うま〜くオナラを出しても，臭いは隠せないものだ。

逆に，香りの拡散をうまく利用したのが香水。甘い香りは遠くへ行くほど薄く広がって行く。道を歩いていて「魅力的な香り」を感じたら，香りの濃い方向へと歩いて行くと，やがては「発散源」にたどりつく。我々のDNA(核酸)に刻まれた，自らのDNAを種全体に核酸（?）させる「核酸効果」だ。期待通りに魅力的な異性がいるかどうかは，保証の限りではない。同性だった時に受けるショックは計り知れないものがある...

◇◇水素原子を攻略せよ◇◇

大学には「落とすと卒業が危なくなる科目」が幾つかある。理系クラスでは「量子力学」が，その代表例だろう[53]。期末試験で地獄を見る原因は，いろいろとあるのだけど，どんなに勉強を手抜きしても，最低限度「シュレディンガー方程式」(Schrödinger)だけは覚えておかなければならない。

[53] 量子力学の定番駄洒落は，「漁師リキが来る」という江戸時代の落語モノだろう。大学ごとに，個性溢れたバージョンが語り継がれているとか。

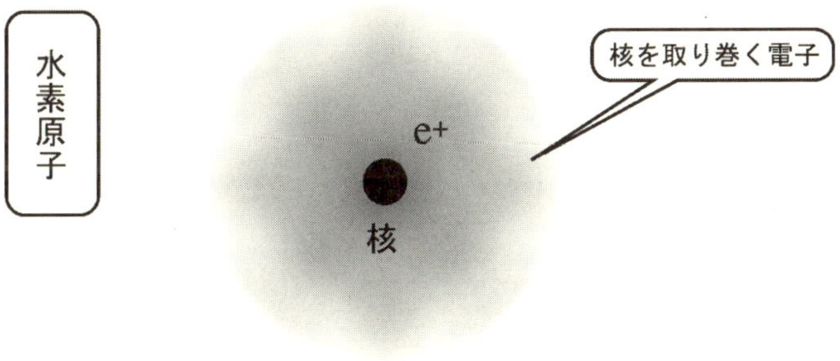

シュレディンガー方程式

$$i\hbar\frac{\partial}{\partial t}\Psi(\boldsymbol{r},t)=\left\{-\frac{\hbar^2}{2m}\triangle+U(\boldsymbol{r})\right\}\Psi(\boldsymbol{r},t) \qquad (200)$$

$\Psi(\boldsymbol{r},t)$ は「波動関数」と呼ばれるもので，一般的には複素数の値を持つ「複素関数」だ（文字 Ψ は古代ギリシア語読みがプサイ，現代読みがプシー。後者は，英語では**ちょっと**妙な意味にも取れるので，大抵の人がプサイと読む。また，$\hbar$ はディラックの定数と呼ばれる定数で，エイチバーと読む)。式の物理的な意味はともかくとして，ここにもラプラシアンが登場する。

水素原子 量子力学で一度はくぐり抜ける難関が「この世で一番ありふれた」水素原子だ。図のように，水素原子は電荷 e の原子核の周囲を電荷 $-e$ の電子が淡く包み込んだような構造になっている。

原点 $\boldsymbol{r}=\boldsymbol{0}$ に原子核があるとき，電子の分布を与える $\Psi(\boldsymbol{r},t)$ を「いろいろな場合について」求めるのが，物理や化学を専門とする人の宿命。これは面倒な計算を必要とするので，「ゼロから学ぶ」私たちは安定な(＝エネルギーの一番低い）状態の水素原子だけを扱うことにしよう。この場合，波動関数は

基底波動関数 $$\Psi(\boldsymbol{r},\ t)=\exp\left\{-i\frac{E_0}{\hbar}t\right\}\Psi_0(\boldsymbol{r}) \qquad (201)$$

と，基底エネルギー E_0 および時刻 t に関係する部分 $\exp\{-iE_0t/\hbar\}$ と位置 $\boldsymbol{r}$ の関数 $\Psi(\boldsymbol{r})$ の積で書ける。水素原子の場合，$U(\boldsymbol{r})$ は電子と原子核の間のポテンシャル・エネルギーで $r=|\boldsymbol{r}|$ のみの関数 $-e^2/4\pi\varepsilon_0 r$ だ。

それならば「安定な水素原子は丸い形やないか？」と思うのが自然で，$\Psi_0(\mathbf{r})$ も r のみの関数 $\Psi_0(r)$ になるだろう[54]。これらをシュレディンガー（Schrödinger）方程式に代入すると，$\Psi(r)$ が満たすべき方程式が得られる。

$$E_0\Psi(r) = \left\{-\frac{\hbar^2}{2m}\triangle - \frac{e^2}{4\pi\varepsilon_0 r}\right\}\Psi_0(r) \tag{202}$$

波動関数 $\Psi(r)$ もポテンシャルも，変数は r のみで書かれているので，$\triangle\Psi_0(r)$ も，r にしか関係しないだろうと予想できる。ちょっと考えると，それは

ホンマか〜？

$$\triangle\Psi_0(r) = \frac{\partial^2}{\partial r^2}\Psi_0(r) \quad ??? \tag{203}$$

だと思っちゃうのだけど，コレは間違いなのだ〜。どう間違っているかを検証するために，ちょっと下準備しよう。

■■ドロナワ演習・Taylor展開■■

Taylor（テーラー）展開って何だったっけ？ 荒っぽく言うと，関数を「ある x を中心として，そこからのズレ ε に対して

$$f(x+\varepsilon) \approx f(x) + \varepsilon f'(x) + \frac{\varepsilon^2}{2}f''(x) + \ldots \tag{204}$$

と ε の級数（多項式）で近似することである」と表現できる。但し $f'(x) = \partial f(x)/\partial x$ および $f''(x) = \partial^2 f(x)/\partial x^2$ である。具体例として

$$f(x+\varepsilon) = \sqrt{x+\varepsilon} = (x+\varepsilon)^{\frac{1}{2}} \tag{205}$$

を ε について1次まで展開してみよう。$f'(x) = (1/2)x^{-\frac{1}{2}}$ だから

$$\sqrt{x+\varepsilon} \approx \sqrt{x} + \varepsilon\frac{1}{2}\frac{1}{\sqrt{x}} \quad \text{特に } x=1 \text{ で} \quad \sqrt{1+\varepsilon} \approx 1 + \frac{\varepsilon}{2} \tag{206}$$

これを応用すると $r = \sqrt{x^2+y^2+z^2}$ は，$x \gg y$，z の場合

$$r = x\sqrt{1+\frac{y^2}{x^2}+\frac{z^2}{x^2}} \approx x\left(1+\frac{y^2}{2x^2}+\frac{z^2}{2x^2}\right) = x + \frac{y^2}{2x} + \frac{z^2}{2x} \tag{207}$$

と近似できる。この近似は，y や z がゼロに近くなればなるほど，精度が良くなる。

---

[54] ちょっと論理に穴があるのだけど，細かいことは言わない「お・や・く・そ・く」ネッ！

[ドロナワ演習・おしまい]

次なる展開 Taylor 展開を復習したところで，原点から x だけ離れた X 軸上の点

$$\boldsymbol{r} = x\,\boldsymbol{e}_{\mathrm{X}} = \begin{pmatrix} x \\ 0 \\ 0 \end{pmatrix} \tag{208}$$

の周囲で $\Psi_0(\boldsymbol{r})$ を展開してみよう。この近辺では $|y|$ や $|z|$ は $|x|$ より充分小さいので，y や z を含む項を微小量として取り扱うのだ。まず，式 (207) を使って r を y や z について展開した後で，

$$\Psi_0(r) \approx \Psi_0\left(x+\frac{y^2}{2x}+\frac{z^2}{2x}\right) \approx \Psi_0(x)+\left(\frac{\partial}{\partial x}\Psi_0(x)\right)\left(\frac{y^2}{2x}+\frac{z^2}{2x}\right) \tag{209}$$

という風に $\Psi_0(r)$ 自身も Taylor 展開する。この展開は，y や z がゼロに近ければ近いほど精度が良くなるので，ちょうど $y=z=0$ となる場所 $\boldsymbol{r}=x\boldsymbol{e}_{\mathrm{X}}$ で $\triangle\Psi_0(r)$ を「正確に」求める目的に使える。計算の手順は，まず，上の式にラプラシアンを作用させる。

$$\triangle\Psi_0(r) \approx \frac{\partial^2}{\partial x^2}\Psi_0(x)+\left(\frac{\partial^2}{\partial x^2}+\frac{\partial^2}{\partial y^2}+\frac{\partial^2}{\partial z^2}\right)\left(\frac{\partial}{\partial x}\Psi_0(x)\right)\left(\frac{y^2}{2x}+\frac{z^2}{2x}\right) \tag{210}$$

そして，それぞれの項の偏微分を計算した後で $y=z=0$ を代入するのだ。右辺第 2 項をマトモに計算しても良いのだけど，y や z が残った項は，計算の仕上げに $y=z=0$ を代入した時点でゼロになってしまうので計算するだけ労力の無駄だ。怠け者の我々はソンナ厄介なモノは最初から考えないことにしよう。そうすると，一気に

$$\begin{aligned}\triangle\Psi_0(r) &= \frac{\partial^2}{\partial x^2}\Psi_0(x)+\left(\frac{\partial}{\partial x}\Psi_0(x)\right)\left(\frac{\partial^2}{\partial y^2}+\frac{\partial^2}{\partial z^2}\right)\left(\frac{y^2}{2x}+\frac{z^2}{2x}\right)\\ &= \frac{\partial^2}{\partial x^2}\Psi_0(x)+\frac{2}{x}\left(\frac{\partial}{\partial x}\Psi_0(x)\right)\end{aligned} \tag{211}$$

と変型できる。ここで，$\triangle\Psi_0(r)$ が x の関数（とその微分）で書けているのは，X 軸上の点 $\boldsymbol{r}=x\,\boldsymbol{e}_{\mathrm{X}}$ を考えたからだ。Y 方向や Z 方向，より一

般的には原点から任意の方向に向かっても同じような展開計算が可能で，それを考慮すると，X 軸上以外の一般の場所では $\triangle \Psi_0(r)$ は上式の x を r で置き換えたものであるというのは，自然に納得できるだろう。

丸い関数 Ψ_0（r）のラプラシアン

$$\triangle \Psi_0(r) = \frac{\partial^2}{\partial r^2}\Psi_0(r) + \frac{2}{r}\left(\frac{\partial}{\partial r}\Psi_0(x)\right) = \frac{1}{r^2}\frac{\partial}{\partial r}\left(r^2\frac{\partial}{\partial r}\Psi_0(r)\right) \quad (212)$$

ようやく，水素原子の安定状態を調べるための方程式が，変数 r だけの方程式になった。

基底状態のシュレディンガー方程式

$$E\Psi_0(r) = \left\{-\frac{\hbar^2}{2m}\frac{1}{r^2}\frac{\partial}{\partial r}\left(r^2\frac{\partial}{\partial r}\right) - \frac{e^2}{4\pi\varepsilon_0 r}\right\}\Psi_0(r) \quad (213)$$

え〜と，そもそもラプラシアンについての話をしてたので，この方程式の解を求める方法には「深入りしない」ことにしよう。「本気」になって解を探した人々から伝え聞く所によると，

$$\Psi_0(r) = \exp\left(-\frac{r}{a_0}\right),\quad a_0 = \frac{4\pi\varepsilon_0\hbar^2}{me^2},\quad E = -\frac{me^4}{(4\pi\varepsilon_0)^2 2\hbar^2} \quad (214)$$

が「安定した水素原子」の波動関数を与える式だそうだ。いったん解を知ってしまえば，コレを式 (213) に代入して，解であることを検算するのは易しいので，暇な時に試してみるベシ。

最後に，ちょっと**蛇足**。水素原子というと「丸い形をしてるんじゃない？」という直感（あてずっぽう）を頼りに計算を進めて来たけど，実は不安定な状態も含めると，そうとは限らない。波動関数を $\Psi(\boldsymbol{r}(r, \theta, \phi))$ と球座標を使って書いた時に，Ψ が θ や ϕ からも影響を受けるのだ。「丸くない波動関数」を扱うには，精進して $\triangle$ を球座標で**ちゃんと**書き表さなければならない。題して「ラプラシアンの精進料理」大計画。これは，なかなかトンデモナイ量の計算が必要だ[55]。研究室の遠足で野山に出掛けた折，さあ

---

[55] だから，どの教科書を開いても計算の詳細が，どこか省略されている。

これから楽しい昼食という時に「教授」に向かって「球座標のラプラシアンを求めて下さい。正解にたどりつけなかったらメシは抜きです」と吹っ掛けてみよう。

そんなの簡単じゃ、
10分で十分じゃ.
.... 貴様は既に死んでいる ....

「そんなの簡単だ！」と学生からの挑戦を受けておきながら，空腹のまま夕日を見る教授が多いだろう。という訳で「正解」だけ挙げておく。

球座標のラプラシアン

$$\triangle = \frac{1}{r^2}\frac{\partial}{\partial r}\left(r^2\frac{\partial}{\partial r}\right)+\frac{1}{r^2\sin\theta}\frac{\partial}{\partial\theta}\left(\sin\theta\frac{\partial}{\partial\theta}\right)+\frac{1}{r^2\sin\theta}\frac{\partial^2}{\partial\phi^2} \quad (215)$$

何だか，数式に規則性があることを「発見」した人は，なかなか才能があるので「研究者への道」という**破滅の人生**を歩まれることをお勧めする。

◆◆古典の反対語は？◆◆

目の前にいる人が，理論物理屋さんかどうかを一発で判定する方法がある。「古典，クラシック(Classic)の反対語は？」と問い掛けると，普通の人ならば「現代（または前衛），モダン(Modern)ですね！」と答える。ただ，理論物理屋さんだけが「言うまでもなく量子，クォンタム(Quantum)ですよ。」と自信を込めて返答する。

無理もない話で，前世紀の初めにシュレディンガー(Schrödinger)が量子力学を発見したのを境にして，古典力学は「学習の基礎」と考える物理屋さんがドンドン増殖して，ほとんどのノーベル物理学賞が量子力学関連の研究から出たことは記憶に新しい。「量子力学にあらずんば現代物理にあらず」と，信じ込んでいる人が多いのも，無理からぬ話だ。こういう人々——量子力学を盲目的に奉る人々——は，「シュレディンガーの犬」と呼ぶのが良いだろう。

◇◇湯川方程式とその周辺◇◇

「クレオパトラの鼻の高さ」のように，世の中「ちょっとの差」が大きく歴史を変えることがある。例えば，うっかりして女性に「今日**は**可愛い〜ね〜」と声を掛けると，思いっきりムッとされる。正しくは「(今日)可愛い〜ね〜」と言わなければならない。ポアソン方程式と，湯川方程式も「ほんのちょっとだけ」見かけが違うだけで，結果が大違いになる良い例だ。

まず，原点に点電荷 q が存在する場合のポアソン方程式（式(190)）の両辺に -1 を掛けて

$$-\triangle\phi(\boldsymbol{r}) = g\delta(\boldsymbol{r}) \qquad (216)$$

と書いておこう。定数 g は，いまの場合 $a = q/\varepsilon_0$ だ。この解は $r = |\boldsymbol{r}|$ のみの関数 $\phi(r) = -a/r$ であった。これを少しだけ変型したもの

湯川方程式

$$(-\triangle + \varkappa^2)\phi(\boldsymbol{r}) = g\delta(\boldsymbol{r}) \qquad (217)$$

が，原子核の内部で働く「核力」を導く基本的な方程式だよ〜と，短い

Yukawa (1907〜1981)

論文にまとめたのが若き日の湯川博士[56]。$\phi(\boldsymbol{r})$ が r にしか関係しないと仮定すると，原点以外で $\phi(r)$ は

$$\left\{-\frac{1}{r^2}\frac{\partial}{\partial r}\left(r^2\frac{\partial}{\partial r}\right)+\varkappa^2\right\}\phi(\boldsymbol{r}) = 0 \qquad (218)$$

を満たす必要がある（式(212) を使った)。で，コレを満たすのが，有名な（？）湯川型の関数だ（簡単だから式(217) に代入して検算してネ)。

ノーベル賞の源

$$\phi(r) = -g\frac{e^{-\kappa r}}{r} \qquad (219)$$

ラプラシアンの右に $\varkappa$（河童）がいるだけで，方程式の解がガラリとその姿を変えるのは興味深い。

ところで，湯川方程式はどこから出て来たのだろうか？　シュレディンガー方程式を特殊相対性理論に合うように拡張した（一例の）クライン・ゴルドン方程式がそのルーツ。

クライン・ゴルドン方程式

$$\left(\frac{1}{c^2}\frac{\partial^2}{\partial t^2}-\triangle+\varkappa^2\right)\phi(\boldsymbol{r}, t) = 0 \qquad (220)$$

相対性理論らしく定数 c，つまり光の速度 299792458 [m/sec] が姿を現わす。簡単な例として $\phi(\boldsymbol{r}, t)$ が時刻 t に関係しない場合を考えると，ϕ の時間微分がゼロになって，(右辺のオツリ $g\delta(\boldsymbol{r})$ を除いた) 湯川方程式に帰着する。クライン・ゴルドン方程式に登場する演算子 $-\frac{1}{c^2}\frac{\partial^2}{\partial t^2}+\triangle$ は，ラプラシアンに $-\frac{1}{c^2}\frac{\partial^2}{\partial t^2}$ のオマケが付いた形をしている。「弦の振動」を研究して，この「オマケ付き △」導入したダランベール（D'Alembert）にちなんで，コレをダランベルシアン（D'Alembertian）（ダランベール星人）と呼んで，記号 □ で表す。

ダランベルシアン

$$\Box = -\frac{1}{c^2}\frac{\partial^2}{\partial t^2}+\frac{\partial^2}{\partial x^2}+\frac{\partial^2}{\partial y^2}+\frac{\partial^2}{\partial z^2} \qquad (221)$$

なるほど，4つの演算子の和だから，四角形 □ を持って来たのか。

ラプラス星人から始まって，ガウス星人，ダランベール星人などが出て来た。この手の怪獣の兄弟は，他にもヤコブ星人，ラグランジュ星人，ハミルトン星人，グラム星人，パッフ星人，ヤング星人... と数え出すとキ

---

[56] 論文投稿時に湯川博士は大阪大学の教員だったことは，あまり知られていない。

りが無い。「数学・物理学怪獣辞典」でも出版すると売れるかもしれないゾ?!

◆◆スター方程式◆◆

3次元空間を相手にするラプラシアンが△(三角)，相対性理論で4次元時空を相手にするダランベルシアンが□(四角)なのだから，5次元空間を相手にする「没統一場」のカルツァー・クライン理論に☆(星形)が出て来たり，何次元でも相手にする超弦理論には「日輪(にちりん)ヒトデ（手がい〜っぱいあるヒトデの化け物）型」などが出て来ると，数式を眺めるのがもっと楽しくなると思うのだけど，流石に5つ以上「角」のある記号は21世紀の現在でも使われていない。タマには「大予言」してみるのもいいだろう，25世紀頃には

$$\boxed{\text{スター方程式}}\qquad \star\phi(\boldsymbol{r}, t) = \rho(\boldsymbol{r}, t) \tag{222}$$

なども使われるに違いない...（実は魔☆(Master)方程式というモノは実在する）。この手の「大ボラ」を100個くらい連発しておくと，一つくらい「適中」することがあって，マグレで歴史に名前が残ることもある。理論物理屋の仕事は，実は毎日のように「大ボラを吹きまくる」ことだという実態は，世間にはあまり知られていない...

第 8 章

秘奥技　rot 神拳！

―とっぷり日が暮れて，鈴虫の鳴く月夜。お次の料理は「焼き物(やきもの)」。

女将「磯のアシエット(寄せあつめ)，貝族焼(かいぞくや)きです」

学生「海賊焼き（?）って，バイキング料理ですか??」

西野「漢字がちゃう(ちがう)，海賊じゃなくて貝族。ほら，サザエにアワビにツブ貝。瀬戸内は小豆島(しょうどしま)の南玄関，坂手港(さかてこう)あたりで貝族焼がブレイクしてるらしいよ。あれ...エスカルゴも乗ってる！」

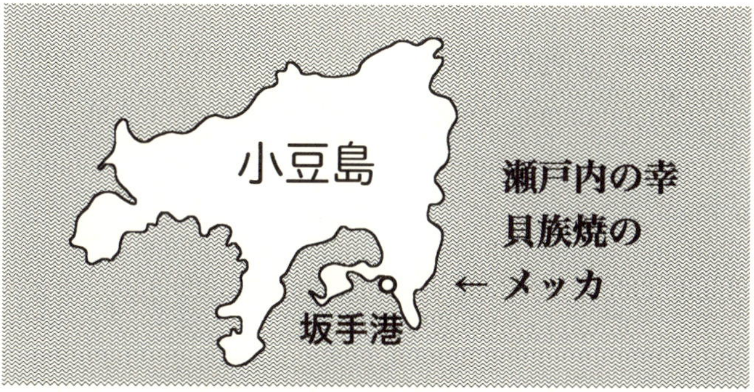

女将「あらま〜っ，料理長(シェフ)の『やり甲(貝)斐』ですわね，昔から巻き貝が好きで好きで『丘の上にも磯がある[57]』ですって」

学生「うず巻きに凝ってるんですね」

女将「週末には小舟で『鳴門(なると)のうず潮』に漕ぎ出して，珍しい生き物ばかり拾

[57] 深読みすべからず。動物は多かれ少なかれ海を陸に持ち込んだような存在だ。

って来るんですよ」

学生「うず潮に小舟ですか〜？　流れに揉(も)まれる木の葉ですね」

西野「料理長(シェフ)は阿波(あわ)の出身だから，大丈夫。舳先(へさき)が回らないように，うまく流れに乗るのが上手だよ」

学生「どんな乗り心地なんでしょうね？」

西野「実演してみせよう。まず立って，目をつぶって3回まわる。そして目を開けると〜...うぉ〜，天井が回る，鳴門(斗)酔拳秘奥義!!!　ひざまくら〜」

―酔いが回った西野，頭の回転はストップ。秘奥義を決めたかに見えたが，本当に目が回ってしまって，突入した先は女将さんの足元(あしもと)であった。

女将「あらら，西野さん，目が完全に鳴戸巻き」

学生「酔っぱらいは放(ほ)っときましょ。ああ，サザエが美味し〜！」

―ぐてぐてに酔ってしまうと，料理にありつけないのが懐石料理の厳しい掟(おきて)。哀れかな，秘奥義回転膝枕沈没鳴戸巻之西野(ひおうぎかいてんひざまくらちんぼつなるとまきの)。仕方がないから，私が西野に代わって回転の秘奥技を伝授しよう。それは「ベクトル解析(かいせき)にベクトル外積(がいせき)アリ」だ。...えっ？　面白くない？....

◇◇回転するバケツと外積◇◇

うず潮って何だろうか？　水がグルグルと回っている状態で，まん中に吸い寄せられた浮遊物はクルクルと回転させられる。これを数式に乗せようかな？　と思わないこともないけど，流れが複雑なのでやめておこう。代わりに，3章の式 (39) あたりで考えた，バケツ（や円柱）の中に水を入れて，Z軸を回転軸にしてグルグル回した場合の流れを，違った角度から眺めてみよう。

バケツが回転する速さが1秒間につき角度 ω（オメガ）である場合，つまり角速度が ω [rad/sec] のとき，流れは

一様な回転
$$\boldsymbol{v}(\boldsymbol{r}) = \begin{pmatrix} -\omega y \\ \omega x \\ 0 \end{pmatrix} = \omega \begin{pmatrix} -y \\ x \\ 0 \end{pmatrix} \qquad (223)$$

と表せるのだった。バケツの回転軸は **Z方向**――$\boldsymbol{e}_Z$ の方向――を向いて

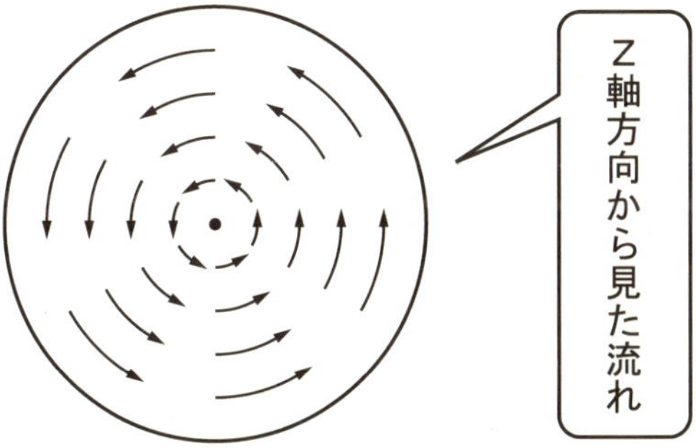

て，その**速さ**は ω であると聞くと，何とな〜く

$$\Omega = \omega\, \boldsymbol{e}_{\rm Z} = \begin{pmatrix} 0 \\ 0 \\ \omega \end{pmatrix} \tag{224}$$

というベクトルが，この回転の裏に隠れているような気がする。いったい，$\boldsymbol{v}(\boldsymbol{r})$ と Ω の間には，どんな関係があるのだろうか？　これを考えるには，新たに秘奥義「外積」を会得しなければならない。

■■本格派ドロナワ演習・外積■■

まず，何でもいいから二つのベクトル $\boldsymbol{A} = \begin{pmatrix} a_{\rm X} \\ a_{\rm Y} \\ a_{\rm Z} \end{pmatrix}$ と $\boldsymbol{B} = \begin{pmatrix} b_{\rm X} \\ b_{\rm Y} \\ b_{\rm Z} \end{pmatrix}$ を持って来る。$\boldsymbol{A}$ と $\boldsymbol{B}$ の「外積」は $\boldsymbol{A}\times\boldsymbol{B}$ と書いて，成分を使って

ベクトルの外積

$$\boldsymbol{A}\times\boldsymbol{B} = \begin{pmatrix} a_{\rm Y}b_{\rm Z} - a_{\rm Z}b_{\rm Y} \\ a_{\rm Z}b_{\rm X} - a_{\rm X}b_{\rm Z} \\ a_{\rm X}b_{\rm Y} - a_{\rm Y}b_{\rm X} \end{pmatrix} \tag{225}$$

と定義される。ベクトル同士の内積 $\boldsymbol{A}\cdot\boldsymbol{B}$ はスカラー（つまりタダの数）だったけど，外積 $\boldsymbol{A}\times\boldsymbol{B}$ はベクトルである点に注意しよう。この定義を見て明らかなように，

順序が大切！

$$\boldsymbol{A}\times\boldsymbol{B} = -\boldsymbol{B}\times\boldsymbol{A} \tag{226}$$

が成立する...といっても「何や，これ？」状態なので，その性質を一つ

ずつ見て行こう。まず $\boldsymbol{A}\times\boldsymbol{B}$ は $\boldsymbol{A}$ にも $\boldsymbol{B}$ にも垂直なベクトルだ。それはナゼかというと，$\boldsymbol{A}$ と $\boldsymbol{A}\times\boldsymbol{B}$ の内積は

$$\boldsymbol{A}\cdot(\boldsymbol{A}\times\boldsymbol{B}) = \begin{pmatrix} a_X \\ a_Y \\ a_Z \end{pmatrix}\cdot\begin{pmatrix} a_Y b_Z - a_Z b_Y \\ a_Z b_X - a_X b_Z \\ a_X b_Y - a_Y b_X \end{pmatrix} \tag{227}$$

$$= a_X a_Y b_Z - a_X a_Z b_Y + a_Y a_Z b_X - a_Y a_X b_Z + a_Z a_X b_Y - a_Z a_Y b_X$$

で，よく眺めると右辺の第1項と第4項，第2項と第5項，第3項と第6項はちょうど打ち消し合っている。従って $\boldsymbol{A}\cdot(\boldsymbol{A}\times\boldsymbol{B})$ はゼロになるのだ。$\boldsymbol{B}$ についても同様で $\boldsymbol{B}\cdot(\boldsymbol{A}\times\boldsymbol{B}) = 0$ だ。内積がゼロである二つのベクトルは，互いに直交していること（2章の式（18））を思い出すと，

ポイント1　**$\boldsymbol{A}\times\boldsymbol{B}$ は $\boldsymbol{A}$ にも $\boldsymbol{B}$ にも直交している**

ことがわかる。次に，$\boldsymbol{A}\times\boldsymbol{B}$ の長さを調べてみよう。式（225）より

$$|\boldsymbol{A}\times\boldsymbol{B}|^2 = (a_Y b_Z - a_Z b_Y)^2 + (a_Z b_X - a_X b_Z)^2 + (a_X b_Y - a_Y b_X)^2 \tag{228}$$

と書けるには書けるけど，これだけでは何が何だかサッパリだ。チョイと $(\boldsymbol{A}\cdot\boldsymbol{B})^2$ を足してみよう。すると，

$$\begin{aligned}(\boldsymbol{A}\cdot\boldsymbol{B})^2 + |\boldsymbol{A}\times\boldsymbol{B}|^2 &= (a_X b_X + a_Y b_Y + a_Z b_Z)^2 \\ &\quad + (a_Y b_Z - a_Z b_Y)^2 + (a_Z b_X - a_X b_Z)^2 + (a_X b_Y - a_Y b_X)^2 \\ &= \{(a_X)^2 + (a_Y)^2 + (a_Z)^2\}\{(b_X)^2 + (b_Y)^2 + (b_Z)^2\} \\ &= |\boldsymbol{A}|^2|\boldsymbol{B}|^2 \end{aligned} \tag{229}$$

と，多少は「美しく」まとめられる[58]。上の計算は，少し途中経過を省略してあるので「地道に」検算してみてネ。ここで，内積の意味 $\boldsymbol{A}\cdot\boldsymbol{B} = |\boldsymbol{A}||\boldsymbol{B}|\cos\theta$ —— 但し θ は $\boldsymbol{A}$ と $\boldsymbol{B}$ の間の角度——を思い出すと，

$$\begin{aligned}|\boldsymbol{A}\times\boldsymbol{B}|^2 &= |\boldsymbol{A}|^2|\boldsymbol{B}|^2 - (\boldsymbol{A}\cdot\boldsymbol{B})^2 = |\boldsymbol{A}|^2|\boldsymbol{B}|^2 - |\boldsymbol{A}|^2|\boldsymbol{B}|^2\cos^2\theta \\ &= |\boldsymbol{A}|^2|\boldsymbol{B}|^2(1-\cos^2\theta) = |\boldsymbol{A}|^2|\boldsymbol{B}|^2\sin^2\theta \end{aligned} \tag{230}$$

---

[58] (内積)^2＋(外積)^2 ＝ (中積)^2 といった感じで $|\boldsymbol{A}||\boldsymbol{B}|$ を「チュー積」と呼んでも良さそうなのだけど，そんな数学用語は残念ながらナイ。

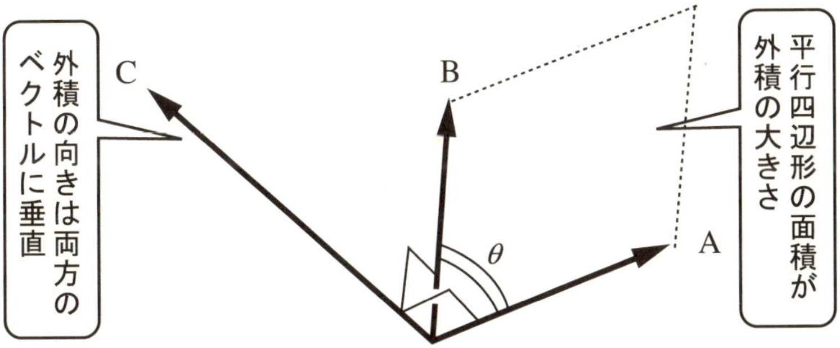
外積の向きは両方のベクトルに垂直
C
B
θ
A
平行四辺形の面積が外積の大きさ

が成立してて，両辺の平方根を取ることによって $\boldsymbol{A}$ と $\boldsymbol{B}$ の外積の絶対値は

ポイント 2　$$|\boldsymbol{A}\times\boldsymbol{B}| = |\boldsymbol{A}||\boldsymbol{B}|\sin\theta \tag{231}$$

であることがわかった。これって，ちょうど $\boldsymbol{A}$ と $\boldsymbol{B}$ によって形作られる平行四辺形の面積に一致している。

最後に外積 $\boldsymbol{A}\times\boldsymbol{B}$ の方向を考えよう。$\boldsymbol{A}\times\boldsymbol{B}$ は $\boldsymbol{A}$ および $\boldsymbol{B}$ に直交していた。別の表現をすると，$\boldsymbol{A}\times\boldsymbol{B}$ は $\boldsymbol{A}$ と $\boldsymbol{B}$ によって形作られる平行四辺形に対して垂直である。が...ソレを満たす方向は平行四辺形の表裏方向の2通りある。$\boldsymbol{A}\times\boldsymbol{B}$ はどちらを向いているのだろうか？

試しに $\boldsymbol{A} = \boldsymbol{e}_{\mathrm{X}}$ および $\boldsymbol{B} = \boldsymbol{e}_{\mathrm{Y}}$ の場合に $\boldsymbol{A}\times\boldsymbol{B}$ を計算してみると

$$\boldsymbol{e}_{\mathrm{X}}\times\boldsymbol{e}_{\mathrm{Y}} = \begin{pmatrix}1\\0\\0\end{pmatrix}\times\begin{pmatrix}0\\1\\0\end{pmatrix} = \begin{pmatrix}0\\0\\1\end{pmatrix} = \boldsymbol{e}_{\mathrm{Z}} \tag{232}$$

となる。この例に限らず，

ポイント 3　**$\boldsymbol{A}\times\boldsymbol{B}$ は $\boldsymbol{A}$ から $\boldsymbol{B}$ の方向へ（右）螺子（ネジ）を回した時に，螺子（ネジ）の進む方向を向く**

という位置関係が常に成立する。$\boldsymbol{e}_{\mathrm{X}}\times(\boldsymbol{e}_{\mathrm{X}}\times(\boldsymbol{e}_{\mathrm{X}}\times(\boldsymbol{e}_{\mathrm{X}}\times\boldsymbol{e}_{\mathrm{Y}})))$ がどちらに向いてるか，力試しに計算してみることをお勧めする。

[ドロナワ演習・おわり]

(Z 軸回りの回転) 外積を習ったところで，回転バケツの中の水の流れ $\boldsymbol{v}(\boldsymbol{r})$ と，ベクトル $\Omega = \omega \boldsymbol{e}_Z$ の関係についてのタネ明かし。回転する流れ $\boldsymbol{v}(\boldsymbol{r})$ は

$$\Omega \times \boldsymbol{r} = \begin{pmatrix} 0 \\ 0 \\ \omega \end{pmatrix} \times \begin{pmatrix} x \\ y \\ z \end{pmatrix} = \begin{pmatrix} 0z - \omega y \\ \omega x - 0z \\ 0y - 0x \end{pmatrix} = \begin{pmatrix} -\omega y \\ \omega x \\ 0 \end{pmatrix} \qquad (233)$$

という風に Ω と位置ベクトル $\boldsymbol{r}$ の外積 $\Omega \times \boldsymbol{r}$ で表せるのだ。もう少し直感に的に理解しようと思えば，

- Ω と $\boldsymbol{v}(\boldsymbol{r})$，$\boldsymbol{r}$ と $\boldsymbol{v}(\boldsymbol{r})$ は，それぞれ直交している。
- $|\boldsymbol{v}(\boldsymbol{r})|$ は式 (230) より $|\Omega|$ と $\ell = \sqrt{x^2 + y^2}$ の積に比例している。

の 2 点が，ちょうど外積にマッチしているからだと考えても良い。

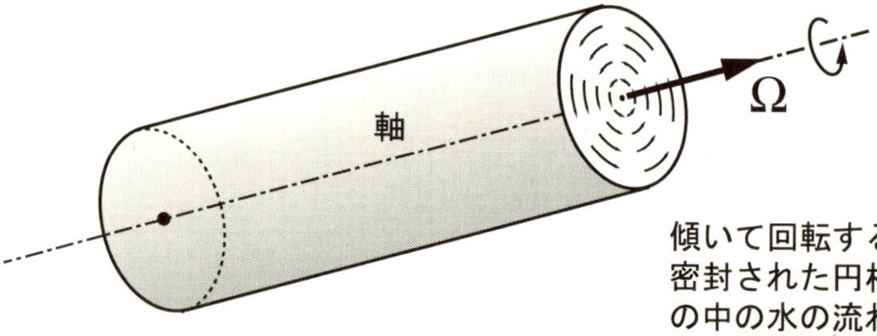

(傾いた回転) Z 軸回りに回転するバケツの例は，回転流としては一番単純なモノだ。もっと一般的に，色々な方向に回転する水の流れも，同様に外積を使って自動的に求められる。

例えば，傾いた円柱の中に水を満たして，角速度 ω で回す場合，円柱内部の水の流れ $\boldsymbol{v}(\boldsymbol{r})$ は，回転を表すベクトル $\Omega = \begin{pmatrix} \omega_X \\ \omega_Y \\ \omega_Z \end{pmatrix}$ を使って，次のように表せる。

$$
\begin{aligned}
\boldsymbol{v}(\boldsymbol{r}) &= \Omega \times \boldsymbol{r} \\
&= \begin{pmatrix} \omega_X \\ \omega_Y \\ \omega_Z \end{pmatrix} \times \begin{pmatrix} x \\ y \\ z \end{pmatrix} = \begin{pmatrix} \omega_Y z - \omega_Z y \\ \omega_Z x - \omega_X z \\ \omega_X y - \omega_Y x \end{pmatrix}
\end{aligned}
\tag{234}
$$

ここで，次の2点に注意しよう。

- 回転の角速度は $\omega = |\Omega| = \sqrt{\omega_X^2 + \omega_Y^2 + \omega_Z^2}$ で与えられる。
- 回転軸は原点を通って単位ベクトル $\boldsymbol{e} = \dfrac{\Omega}{|\Omega|}$ の方向を向いている。

こんな風に，Ω は回転運動の軸方向と角速度を表すので「角速度ベクトル」と呼ばれることもある。さらに一般的に，原点ではなくて位置 $\boldsymbol{r}_P$ を回転軸が通る場合には，もう1点だけ注意書きが追加となる。

- $\boldsymbol{r} - \boldsymbol{r}_P$ が Ω と平行になる回転軸上では $\boldsymbol{v}(\boldsymbol{r}) = 0$ である。

これを肝に銘ずると

$$
\boldsymbol{v}(\boldsymbol{r}) = \Omega \times (\boldsymbol{r} - \boldsymbol{r}_P) = \Omega \times \boldsymbol{r} - \Omega \times \boldsymbol{r}_P \tag{235}
$$

で回転軸回りの流速が与えられることも示せる。位置 $\boldsymbol{r}$ に関係しないベクトル $\Omega \times \boldsymbol{r}_P$ を加えるだけで，回転の中心軸をどこへでも持って行けることは，覚えておいても損はしない。

◆◆洗濯機の話◆◆

ちょっと前まで，家庭用洗濯機のドラム（洗濯槽）は，垂直方向（Z軸）を回転軸とするのが当たり前だった。が，技術屋さんの習性と表現すべきなのだろうか，「回転軸の角度を調整すると思わぬ効果に遭遇する可能性がある」という機械工学の常識に従ったと言うべきなのか，最近では「ごくわずかに」Z軸ではない方向を向いたドラムもある。この傾きが「素晴らしい省エネ効果と強力な洗浄力」をもたらすのかどうか，まだ「定説」はでき上がっていない。

ちなみに，我が家の洗濯機は永年使ううちに「自然に傾いて」しまった...が，幸か不幸か，素晴らしい洗浄効果は今のところ出現していない。

懐石 a la 問答

西野「ふっか〜つ(復活)！　お〜，アワビがうめ〜っ!!」

一食い意地だけで鳴戸巻き沈没状態から生還した西野だった。

西野「ローテーション(rotation)を語る**までは**，酔い潰れる訳には行かないのだ」

学生「バレーボールの選手がコートの中でグルグル回る，あれですか？」

西野「そうそう，東洋の魔女達が回転レシーブ...ンなアホな」

学生「じゃあ，お客さんのローテーション(rotation)が勝負の回転寿司でしょ？」

西野「大阪人はせっかちやから，スシが回るンやなくて，客さんのイスがカウンターをぐる〜っと回って，一周したらレジに到着，ハイお勘定!!」

学生「その冗談，中華円卓料理バージョンを聞いたことがありますよ」

西野「ネタが割れてたか。回転するスカイレストランっちゅ〜バージョンもあるゾ。じゃあマジな話に戻ろう。回転するレコード盤を思い浮かべてごらん」

学生「レコード盤?!　って，見たことがないんですけど...」

西野「おお，世の中そんなに進んでたのか！　じゃあ，電子レンジやオーブンのターンテーブルでいい。回るテーブルの上に物を置くと，それが中心にあってもテーブルのへりにあっても，テーブルが1周したら360度グルリと回る」

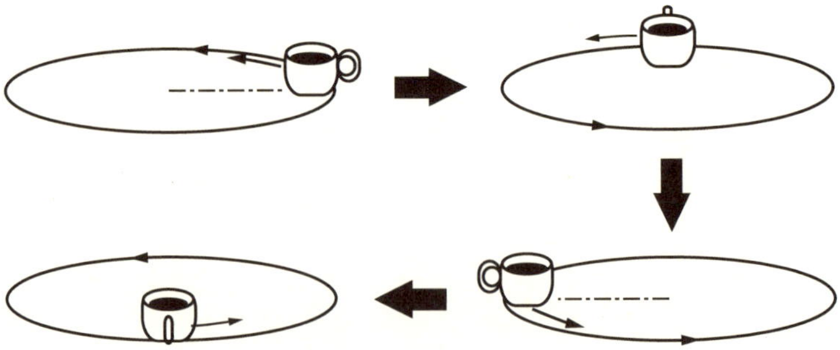

学生「当たり前じゃないですか」

西野「そうそう，その当たり前のことがローテーション(rotation)なのだ」

学生「はい，西野さん，もう一杯どうぞ」

西野「気が効くね〜。ああウマい酒だ，酔って体がよrot（ろっと）する〜」
一と，懲りずにまたまた鳴門（斗）酔拳秘奥義を繰り出す西野であったが，
学生「秘奥義返し！　rot（ろ〜斗）神拳・突き落としの術!!」
西野「うおぉぉぉ...@@@@@」
一返し技にハマって，突っ込んだ先はテーブルの下であった。
学生「衰えましたね，西野さん。『ローテーション（rotation）を語る**までは**酔い潰れない』のウラを読んでないと思って?!」

◇◇流れから回転方向を探す◇◇

さっきは，回転の方向と角速度を与える「角速度ベクトル $\boldsymbol{\Omega}$」が与えられた時に流速 $\boldsymbol{v}(\boldsymbol{r})$ を求めた。その逆はどうだろうか？　例えば $\boldsymbol{v}(\boldsymbol{r})$ が回転する流れ

$$\boldsymbol{v}(\boldsymbol{r}) = \begin{pmatrix} v_X(\boldsymbol{r}) \\ v_Y(\boldsymbol{r}) \\ v_Z(\boldsymbol{r}) \end{pmatrix} = \boldsymbol{\Omega}\times\boldsymbol{r} = \begin{pmatrix} \omega_Y z - \omega_Z y \\ \omega_Z x - \omega_X z \\ \omega_X y - \omega_Y x \end{pmatrix} \tag{236}$$

で与えられた場合，この流れから回転を表すベクトル $\boldsymbol{\Omega}$ を「抽出する」ことはできるだろうか？　ぶっちゃけて言うと「答えをカンニングして」強引に引っぱり出すことは可能だ。$\boldsymbol{\Omega}$ が「出て来るように」$\boldsymbol{v}(\boldsymbol{r})$ の成分を微分，つまり v_X，v_Y，v_Z の微分を組み合わせるのだ，こんな風に。

$$\begin{pmatrix} \frac{\partial}{\partial y}v_Z - \frac{\partial}{\partial z}v_Y \\ \frac{\partial}{\partial z}v_X - \frac{\partial}{\partial x}v_Z \\ \frac{\partial}{\partial x}v_Y - \frac{\partial}{\partial y}v_X \end{pmatrix} = \begin{pmatrix} \frac{\partial}{\partial y}(\omega_X y - \omega_Y x) - \frac{\partial}{\partial z}(\omega_Z x - \omega_X z) \\ \frac{\partial}{\partial z}(\omega_Y z - \omega_Z y) - \frac{\partial}{\partial x}(\omega_X y - \omega_Y x) \\ \frac{\partial}{\partial x}(\omega_Z x - \omega_X z) - \frac{\partial}{\partial y}(\omega_Y z - \omega_Z y) \end{pmatrix} \tag{237}$$

右辺を計算すると，$2\boldsymbol{\Omega}$ となって，（2倍の係数はともかくとして）確かに $\boldsymbol{\Omega}$ を導き出せている。一方，左辺の方をジ〜ッと見ると，それは形式的に ∇ と $\boldsymbol{v}(\boldsymbol{r})$ の外積を取ったもの $\nabla\times\boldsymbol{v}(\boldsymbol{r})$ に等しいことがわかるだろうか？

∇で外積

$$\nabla\times\boldsymbol{v}(\boldsymbol{r}) = \begin{bmatrix} \dfrac{\partial}{\partial x} \\ \dfrac{\partial}{\partial y} \\ \dfrac{\partial}{\partial z} \end{bmatrix} \times \begin{pmatrix} v_X \\ v_Y \\ v_Z \end{pmatrix} = \begin{bmatrix} \dfrac{\partial}{\partial y}v_Z - \dfrac{\partial}{\partial z}v_Y \\ \dfrac{\partial}{\partial z}v_X - \dfrac{\partial}{\partial x}v_Z \\ \dfrac{\partial}{\partial x}v_Y - \dfrac{\partial}{\partial y}v_X \end{bmatrix} = 2\,\boldsymbol{\Omega} \qquad (238)$$

もう少し一般的に，式（235）で与えられるように回転軸が原点を通らずに，ある点Pを通る場合も考えてみよう。$\boldsymbol{v}(\boldsymbol{r})=\boldsymbol{\Omega}\times(\boldsymbol{r}-\boldsymbol{r}_P)$ に対して，上と同様に∇× を作用させてみると，$\boldsymbol{\Omega}$ や $\boldsymbol{r}_P$ は x，y，z に関係しないベクトルだから

$$\begin{aligned}\nabla\times\{\boldsymbol{\Omega}\times(\boldsymbol{r}-\boldsymbol{r}_P)\} &= \nabla\times(\boldsymbol{\Omega}\times\boldsymbol{r}) - \nabla\times(\boldsymbol{\Omega}\times\boldsymbol{r}_P) \\ &= \nabla\times(\boldsymbol{\Omega}\times\boldsymbol{r}) = 2\,\boldsymbol{\Omega} \end{aligned} \qquad (239)$$

となって，さっきと同様に∇× を流れ $\boldsymbol{v}(\boldsymbol{r})$ に作用させることによって角速度ベクトル $\boldsymbol{\Omega}$（の2倍）を拾い出せる。いっぽう，∇× は「回転軸がどこにあるか」という情報は全く拾い出さない。その辺の説明は「うず巻きの紙工作」で頭をリフレッシュしてからにしよう。

◆◆作ってみよう！◆◆

海の中に「うずまき」があるならば，丘の上にもあってしかるべし…と屁理屈を吹っかけるつもりじゃナイのだけど，紙が一枚あれば貴方も「うずまき」にハマるのだ。

まず，紙を一枚用意する。どちらかと言うと，雑誌のグラビアページのような表面に艶（ツヤ）がある薄い紙が良い。ある角から，これを筒状に巻く。できるだけ細く密に巻いた方が良い。筒ができ上がったら，今度はどちらか一方の端から「かたつむりのように」グルグルと巻いて行く。全体が巻き終わったら，手を離してみよう。紙の折れ目が「巻きを戻そうとする力」を相殺するように支えて，安定したうず巻き型ができ上がる。コレを机の上に置いて，真上から息を吹き掛けると，ねずみ花火のように回転する。

昔話で申し訳ないのだけど，私がハイスクールで学んでいた頃のこと，「国語」や「英語」には全く興味が無かったので，授業中は机の下でコレば〜っかし作っていた。果たして目は鳴戸巻き状態，机の中は「うず巻きだらけ」だったのだ。ついでに，理系クラスには男しかいなかったので，授業中に「雑誌回覧」なども....

◇◇ローテーション登場◇◇

さて，いよいよ「秘奥義・ベクトル場のローテーション（rotation）」を会得しよう。ベクトル場ならばどんなものでも良いのだけど，とりあえずは慣れ親しんだ（?!）流れの速度の場 $\boldsymbol{v}(\boldsymbol{r})$ について考えよう。これから取り扱う $\boldsymbol{v}(\boldsymbol{r})$ は，回転運動に限らず，一般的にどんな流れでも良い。川の流れだろうと，お椀の中の味噌汁の対流でも何でもOK。$\boldsymbol{v}(\boldsymbol{r})$ のローテーション（rotation）とは，$\boldsymbol{v}(\boldsymbol{r})$ に $\nabla\times$ を作用させたもののことである。

ローテーション

$$\nabla\times\boldsymbol{v}(\boldsymbol{r}) = \begin{pmatrix} \dfrac{\partial}{\partial y}v_{\mathrm{Z}}(\boldsymbol{r}) - \dfrac{\partial}{\partial z}v_{\mathrm{Y}}(\boldsymbol{r}) \\ \dfrac{\partial}{\partial z}v_{\mathrm{X}}(\boldsymbol{r}) - \dfrac{\partial}{\partial x}v_{\mathrm{Z}}(\boldsymbol{r}) \\ \dfrac{\partial}{\partial x}v_{\mathrm{Y}}(\boldsymbol{r}) - \dfrac{\partial}{\partial y}v_{\mathrm{X}}(\boldsymbol{r}) \end{pmatrix} \quad (240)$$

これが定義。$\boldsymbol{v}(\boldsymbol{r})$ も $\nabla\times\boldsymbol{v}(\boldsymbol{r})$ もベクトル場なので，rotation（ローテーション）は「ベク

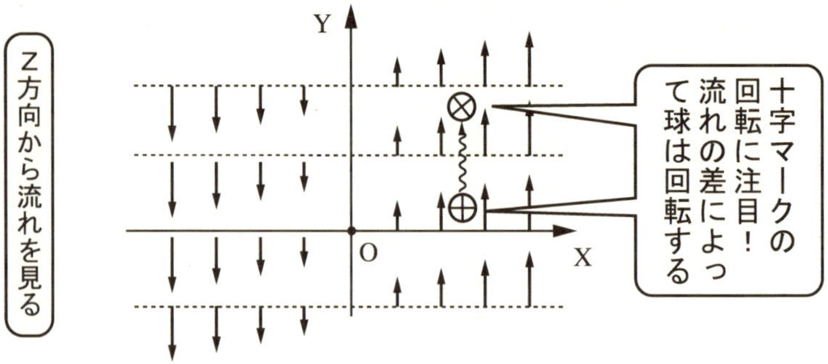
Z方向から流れを見る
Y
O
X
十字マークの
回転に注目！
流れの差によっ
て球は回転する

トル場からベクトル場への懸け橋」になっている。さて，ローテーション（rotation）の意味を考える練習を兼ねて，次のような流れを考えてみよう。

$$\boldsymbol{v}(\boldsymbol{r}) = \begin{pmatrix} 0 \\ x \\ 0 \end{pmatrix} \tag{241}$$

これを成分ごとに表すと $v_{\mathrm{X}} = 0$，$v_{\mathrm{Y}} = x$，$v_{\mathrm{Z}} = 0$ である。

この流れは上の図のように，Y 方向にしか流れていない。けれども，図を見ていると「何となくうず巻きが見える」と感じるのではないだろうか？　ハイ，その通り ∇× を作用させてみると

$$\nabla\times\boldsymbol{v}(\boldsymbol{r}) = \begin{pmatrix} \dfrac{\partial}{\partial y}v_{\mathrm{Z}}(\boldsymbol{r}) - \dfrac{\partial}{\partial z}v_{\mathrm{Y}}(\boldsymbol{r}) \\ \dfrac{\partial}{\partial z}v_{\mathrm{X}}(\boldsymbol{r}) - \dfrac{\partial}{\partial x}v_{\mathrm{Z}}(\boldsymbol{r}) \\ \dfrac{\partial}{\partial x}v_{\mathrm{Y}}(\boldsymbol{r}) - \dfrac{\partial}{\partial y}v_{\mathrm{X}}(\boldsymbol{r}) \end{pmatrix} = \begin{pmatrix} 0 \\ 0 \\ \omega \end{pmatrix} \tag{242}$$

という具合に，位置 $\boldsymbol{r}$ によらず，どこでも $\nabla\times\boldsymbol{v}(\boldsymbol{r})$ は $\omega\,\mathbf{e}_{\mathrm{Z}}$ に等しい。この「見た目のうず巻き具合」は何なのかというと，小さな球を流れに沿って漂わせたとき，その表面の各部分で受ける流れの「わずかな差」が原因で，角速度 $\omega/2$ でクルクルと回りながら流れ下るという現象に対応している。

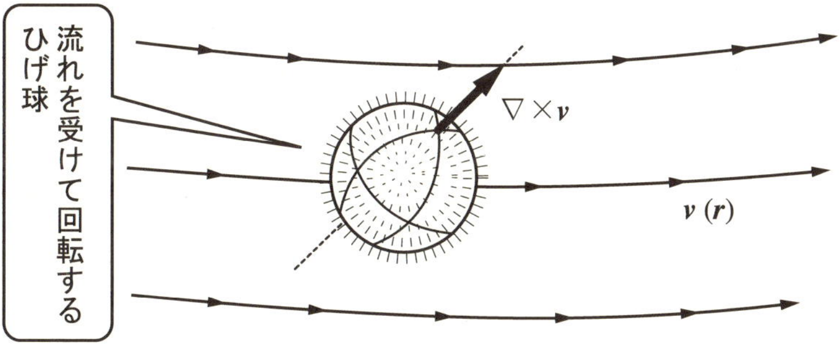

ローテーションの意味 式 (242) の例をもとに，少し厳密さは抜きにして「ローテーション(rotation)」の意味を語るならば，それは「流れ $\boldsymbol{v}(\boldsymbol{r})$ に乗って漂う（表面にヒゲの生えたような）球が位置 $\boldsymbol{r}$ 付近を通過するとき，$\nabla\times\boldsymbol{v}(\boldsymbol{r})$ はその球が回転する角速度ベクトル $\Omega(\boldsymbol{r})$ の 2 倍を表す」と考えて良いだろう[59]。

例えば，一番簡単な Z 軸回りに回転するバケツの中を漂う球を眺めてみると，それは回転軸の回りを周回しているだけではなくて，自らも角速度 ω で Z 軸を回転軸として向きを変えていることがわかる。

$\nabla\times\boldsymbol{v}(\boldsymbol{r})$ は「回転だぞ」という意味を込めて，rot $\boldsymbol{v}(\boldsymbol{r})$ と書いたり，curl $\boldsymbol{v}(\boldsymbol{r})$ と書いたりすることも多い。curl(カール)ってなんじゃ？　と思った人は，スナック菓子の「カール」がグルリと巻いている姿を思い浮かべれば良いだろう。そういえば，パーマをあてる時に使う丸い筒も「カール」だった。

軸対称な流れ 回転する流れならば，いつでもローテーション(rotation)があるのか？　というと，そうとも限らない。Z 軸回りをグルグルと回る流れでも，軸から $\ell=\sqrt{x^2+y^2}$ だけ離れた地点で速さが $f(\ell)$ であるような場合

$$\boldsymbol{v}(\boldsymbol{r}) = \frac{f(\ell)}{\ell}\begin{pmatrix} -y \\ x \\ 0 \end{pmatrix} \tag{243}$$

---

[59] 厳密ではないにせよ，そう大きく本質を踏み違えることはないと思う。

を考えてみよう。まずは検算から。

$$\boldsymbol{v}(\boldsymbol{r})^2=\frac{\{f(\ell)\}^2}{\ell^2}(x^2+y^2)=\{f(\ell)\}^2 \tag{244}$$

だから，確かに $|\boldsymbol{v}(\boldsymbol{r})|=f(\ell)$ になっている。業界では，この手の流れを「Z 軸回りの軸対称な流れ」と呼ぶ。さあローテーション（rotation）を求めてみよう[60]。まず $v_Z=0$ だから，

$$\nabla\times\boldsymbol{v}(\boldsymbol{r})=\begin{pmatrix}-\dfrac{\partial}{\partial z}\left(x\dfrac{f(\ell)}{\ell}\right)\\ \dfrac{\partial}{\partial z}\left(-y\dfrac{f(\ell)}{\ell}\right)\\ \dfrac{\partial}{\partial x}\left(x\dfrac{f(\ell)}{\ell}\right)-\dfrac{\partial}{\partial y}\left(-y\dfrac{f(\ell)}{\ell}\right)\end{pmatrix} \tag{245}$$

ここで，ℓ は x と y の関数で z には関係ないことに注意しよう。従って $\nabla\times\boldsymbol{v}(\boldsymbol{r})$ の X 成分と Y 成分はゼロになる。残った Z 成分を，ちょっと頑張って計算しよう。

$$\begin{aligned}&\frac{\partial}{\partial x}\left(x\frac{f(\ell)}{\ell}\right)+\frac{\partial}{\partial y}\left(y\frac{f(\ell)}{\ell}\right)\\&=\frac{f(\ell)}{\ell}+x\frac{\partial}{\partial x}\frac{f(\ell)}{\ell}+\frac{f(\ell)}{\ell}+y\frac{\partial}{\partial y}\frac{f(\ell)}{\ell}\\&=2\frac{f(\ell)}{\ell}+\frac{x}{\ell^2}\left[\ell\frac{\partial f(\ell)}{\partial x}-f(\ell)\frac{\partial\ell}{\partial x}\right]+\frac{y}{\ell^2}\left[\ell\frac{\partial f(\ell)}{\partial y}-f(\ell)\frac{\partial\ell}{\partial y}\right]\\&=2\frac{f(\ell)}{\ell}+\frac{x}{\ell^2}\left[\ell\frac{\partial f(\ell)}{\partial\ell}-f(\ell)\right]\frac{\partial\ell}{\partial x}+\frac{y}{\ell^2}\left[\ell\frac{\partial f(\ell)}{\partial\ell}-f(\ell)\right]\frac{\partial\ell}{\partial y}\\&=2\frac{f(\ell)}{\ell}+\left(\frac{x}{\ell^2}\frac{\partial\ell}{\partial x}+\frac{y}{\ell^2}\frac{\partial\ell}{\partial y}\right)\left[\ell\frac{\partial f(\ell)}{\partial\ell}-f(\ell)\right]\end{aligned} \tag{246}$$

ここで，球座標や円柱座標でよく出て来る関係式（式（70，71）の兄弟分）

$$\frac{\partial\ell}{\partial x}=\frac{2x}{2\sqrt{x^2+y^2}}=\frac{x}{\ell},\quad\frac{\partial\ell}{\partial y}=\frac{y}{\ell} \tag{247}$$

を代入すると，

---

[60] 計算を追うのが面倒な人は式（248）に飛んで結果だけ見てもいい。

$$(\text{Z 成分}) = 2\frac{f(\ell)}{\ell}+\left(\frac{x}{\ell^2}\frac{x}{\ell}+\frac{y}{\ell^2}\frac{y}{\ell}\right)\left[\ell\frac{\partial f(\ell)}{\partial \ell}-f(\ell)\right]$$

$$= 2\frac{f(\ell)}{\ell}+\frac{\ell^2}{\ell^3}\left[\ell\frac{\partial f(\ell)}{\partial \ell}-f(\ell)\right] = -\frac{f(\ell)}{\ell}+\frac{\partial f(\ell)}{\partial \ell} \quad (248)$$

が得られる。長々と計算した後で，結果がこんな風にスッキリとまとまると「カ・イ・カ・ン」を感じるのが物理屋さんの習性の一つ。ああ快感!!...にしばらく恍惚（こうこつ）に浸（ひた）って満足したら，腕試しに $f(\ell)=\alpha\ell^{\beta}$ を代入してみよう。

$$(\text{Z 成分}) = \frac{\alpha\ell^{\beta}}{\ell}+\frac{\partial}{\partial \ell}\alpha\ell^{\beta}=\alpha(1+\beta)\,\ell^{\beta-1} \quad (249)$$

このように，β の値によって $\nabla\times\boldsymbol{v}(\boldsymbol{r})$ の Z 成分は，正にもなるし負にもなる。いちばん最初に取り扱った「バケツの中の流れ（式 (223)）のローテーション（rotation）」は $\alpha=\omega$，$\beta=1$ で与えられる。ちょっと面白いのが $\beta=-1$ の場合で，$\nabla\times\boldsymbol{v}(\boldsymbol{r})=\boldsymbol{0}$ と，（うずの中心を除いた）至る所でゼロになる。これはどういう意味か？　実は $\beta=-1$ の場合，流れに漂う球は（うずの中心に来ない限り）全く回転しないのだ。

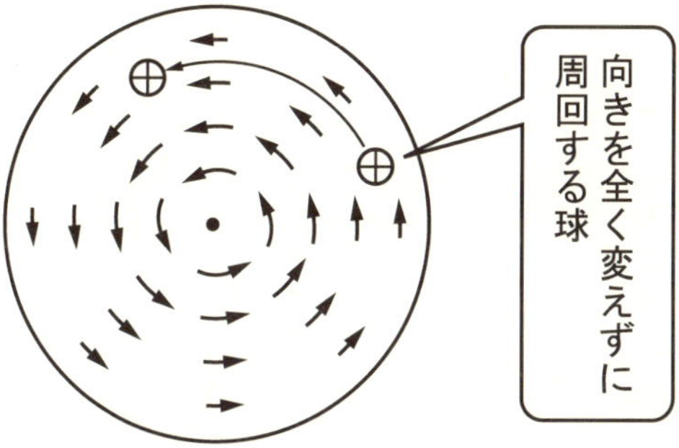

実際の「うずまき」はどうか？　バケツの底に小さな穴を開けて，水を流れ出させると，穴の真上付近に「竜巻きのような」うず巻きができる。この時，水面に小さな紙片を浮かべてみると，水面付近の rotation（ローテーション）を目で見ることができる。実際にやってみると，場所によっては「うず巻きとは逆の方向に」紙片が回転しながら漂う現象を観察するだろう。鳴門のうず潮を渡る「料理長の心得」とは，コレを知っておくことだったのだ。あ

あ，夕暮れの淡路島から眺めるうず潮は，何度でも眺めたいほど美しい。

◆◆一寸法師は運がいい？◆◆

夏休み，河原に遊びに行くというと，必ず親父に「川は浅く見えても気を付けろ」と言われたものだ。

毎年のように川で水難事故が起こるのは，少し泳ぎに自身のある人でも，流れのある所ではアッという間に水没するからだ。それは何故か？というと，川岸よりも川の中央が，また川底よりも川面が速く流れていて，至る所で $\nabla\times\boldsymbol{v}(\boldsymbol{r})$ が結構大きな値になり，泳いでいる人をクルクルと回してしまうからだ。いったん水没してしまったら，たとえ水が澄んでいたとしても，このグルグル回す力に抗して体勢を立て直しつつ，水面に上がって来るのは至難の業で，下手をするとそのまま流されてしまう。一寸法師とか桃太郎は，なかなか運が良かったのだ。

（※）フランス映画「髪結いの亭主」には，増水した川の濁流が登場する。夫婦揃って歳を取れない夫婦の「愛の rotation」をかいま見ることになるであろう。

◇◇ゼロに戻る電磁気学の公式たち◇◇

電磁気学の講義に出ると「静電場 $\boldsymbol{E}(\boldsymbol{r})$ は静電ポテンシャル $\phi(\boldsymbol{r})$ の勾配 $\boldsymbol{E}(\boldsymbol{r}) = -\nabla\phi(\boldsymbol{r})$ に等しい」と習う。いや，習わされる。電場が時刻の関数 $\boldsymbol{E}(\boldsymbol{r}, t)$ である場合は，右辺にオマケの項が付くのだけど，その辺りの説明は電磁気学の教科書に譲るとして，ひとまず静電場について $\nabla\times\boldsymbol{E}(\boldsymbol{r})$ を計算してみよう。

$$\nabla\times\boldsymbol{E}(\boldsymbol{r}) = -\nabla\times\{\nabla\phi(\boldsymbol{r})\} = -\begin{pmatrix} \dfrac{\partial}{\partial x} \\ \dfrac{\partial}{\partial y} \\ \dfrac{\partial}{\partial z} \end{pmatrix} \times \begin{pmatrix} \dfrac{\partial\phi(\boldsymbol{r})}{\partial x} \\ \dfrac{\partial\phi(\boldsymbol{r})}{\partial y} \\ \dfrac{\partial\phi(\boldsymbol{r})}{\partial z} \end{pmatrix} \tag{250}$$

$$
= -\begin{pmatrix} \dfrac{\partial}{\partial y}\dfrac{\partial \phi(\boldsymbol{r})}{\partial z} - \dfrac{\partial}{\partial z}\dfrac{\partial \phi(\boldsymbol{r})}{\partial y} \\ \dfrac{\partial}{\partial z}\dfrac{\partial \phi(\boldsymbol{r})}{\partial x} - \dfrac{\partial}{\partial x}\dfrac{\partial \phi(\boldsymbol{r})}{\partial z} \\ \dfrac{\partial}{\partial x}\dfrac{\partial \phi(\boldsymbol{r})}{\partial y} - \dfrac{\partial}{\partial y}\dfrac{\partial \phi(\boldsymbol{r})}{\partial x} \end{pmatrix} = -\begin{pmatrix} \dfrac{\partial^2 \phi(\boldsymbol{r})}{\partial z \partial y} - \dfrac{\partial^2 \phi(\boldsymbol{r})}{\partial y \partial z} \\ \dfrac{\partial^2 \phi(\boldsymbol{r})}{\partial x \partial z} - \dfrac{\partial^2 \phi(\boldsymbol{r})}{\partial z \partial x} \\ \dfrac{\partial^2 \phi(\boldsymbol{r})}{\partial y \partial x} - \dfrac{\partial^2 \phi(\boldsymbol{r})}{\partial x \partial y} \end{pmatrix} = \boldsymbol{0}
$$

各成分ともに打ち消しあって右辺はゼロになる。ふむふむ，静電ポテンシャルについてrot grad $\phi(\boldsymbol{r}) = \boldsymbol{0}$ が成立している訳だ。計算過程を見ると，静電ポテンシャルだろうと何だろうと，スカラー関数 $\phi(\boldsymbol{r})$ に対してrot gradを取ると，必ずゼロベクトル（長さゼロのベクトル）になる。

ゼロになる式 1　　rot grad $\phi(\boldsymbol{r}) = \nabla \times (\nabla \phi(\boldsymbol{r})) = \boldsymbol{0}$　　(251)

一方，目を磁束密度 $\boldsymbol{B}(\boldsymbol{r}, t)$ に転じると，マクスウェル（Maxwell）方程式の一つとして

$$
\nabla \cdot \boldsymbol{B}(\boldsymbol{r}, t) = \mathrm{div}\, \boldsymbol{B}(\boldsymbol{r}, t) = 0 \tag{252}
$$

が成立することが知られている。「せや（それならば）ったら，磁束密度っちゅ～モンは

$$
\boldsymbol{B}(\boldsymbol{r}, t) = \nabla \times \boldsymbol{A}(\boldsymbol{r}, t) \tag{253}
$$

と書けるんやおまへんか？」という声が聞こえて来る。その理由は，右辺の発散を取ってみると

$$
\nabla \cdot \{\nabla \times \boldsymbol{A}(\boldsymbol{r}, t)\} = \begin{pmatrix} \dfrac{\partial}{\partial x} \\ \dfrac{\partial}{\partial y} \\ \dfrac{\partial}{\partial z} \end{pmatrix} \cdot \begin{pmatrix} \dfrac{\partial A_{\mathrm{Z}}}{\partial y} - \dfrac{\partial A_{\mathrm{Y}}}{\partial z} \\ \dfrac{\partial A_{\mathrm{X}}}{\partial z} - \dfrac{\partial A_{\mathrm{Z}}}{\partial x} \\ \dfrac{\partial A_{\mathrm{Y}}}{\partial x} - \dfrac{\partial A_{\mathrm{X}}}{\partial y} \end{pmatrix} \tag{254}
$$

$$
= \frac{\partial^2 A_{\mathrm{Z}}}{\partial y \partial x} - \frac{\partial^2 A_{\mathrm{Y}}}{\partial z \partial x} + \frac{\partial^2 A_{\mathrm{X}}}{\partial z \partial y} - \frac{\partial^2 A_{\mathrm{Z}}}{\partial x \partial y} + \frac{\partial^2 A_{\mathrm{Y}}}{\partial x \partial z} - \frac{\partial^2 A_{\mathrm{X}}}{\partial y \partial z} = 0
$$

となりdiv rot $\boldsymbol{A}(\boldsymbol{r}, t)$ が自動的に成立しているからだ。この山勘は正し

くて，$\nabla\cdot\boldsymbol{B}=0$ を満たす $\boldsymbol{B}$ は，どんなものでも $\nabla\times\boldsymbol{A}$ と表せることが証明されている。ここに出て来た $\boldsymbol{A}(\boldsymbol{r},t)$ は，歴史的な経緯もあって**「ベクトルポテンシャル」**という名前で呼ばれている。計算の過程を見ると，ベクトルポテンシャルに限らず，一般に任意のベクトル場 $\boldsymbol{F}(\boldsymbol{r})$ について次の関係式が成立する。

ゼロになる式2　$$\mathrm{div\,rot}\,\boldsymbol{F}(\boldsymbol{r})=\nabla\cdot(\nabla\times\boldsymbol{A}(\boldsymbol{r}))=0 \tag{255}$$

こんな風に「あらかじめゼロになる演算子の組み合わせ」を記憶しておくと，イザ計算をする時に余分な労力を使わずに済む。数学・物理屋はナマケ者であるという習性をお忘れなく。

◆◆ゲージ変換◆◆

Z軸方向を向く一様な磁束密度 $\boldsymbol{B}(\boldsymbol{r})=B\mathbf{e}_z$ は，理論・応用を問わず様々な場面に出て来る。これを与えるベクトルポテンシャルは？　というと，実は一通りではない。例えば

$$\boldsymbol{A}(\boldsymbol{r})=\frac{B}{2}\begin{pmatrix}-y\\x\\0\end{pmatrix}\quad\text{でも}\quad\boldsymbol{A}(\boldsymbol{r})=\frac{B}{2}\begin{pmatrix}0\\2x\\0\end{pmatrix}\quad\text{でも} \tag{256}$$

$\nabla\times\boldsymbol{A}(\boldsymbol{r})=B\mathbf{e}_z$ は満たされている。

こんな風に，同じ磁束密度 $\boldsymbol{B}(\boldsymbol{r})$ を与えるベクトルポテンシャルが何通りも存在して，互いに「ゲージ変換」と呼ばれる変換で移り変れるので，19世紀までは $\boldsymbol{A}(\boldsymbol{r},t)$ が基本的な物理量なのか，それとも単に数学的なモノなのか，わかっていなかった。20世紀に入ってから量子力学を使ってイロイロと実験してみた結果，ようやく $\boldsymbol{A}(\boldsymbol{r},t)$ が磁束密度よりも基本的な物理量であることが示された。

ところで，上に示した $\boldsymbol{A}(\boldsymbol{r})$ のうち，右側はランダウというロシア人が好んで研究に使ったので，特に「ランダウ・ゲージ」という名前で親しまれている。ランダウは第2次世界大戦後，冷戦の時代のソビエト連邦を代表する物理学者の1人で，濃縮ウランを目のあたりにして「ウランだ

ウランだウランだウランだ〜！」と100回叫んだという伝説もあるが，真実の程は定かでない。

Landau (1908〜1968)

第 **9** 章

積分御三家の仁義

西野「...@@@@@...ぅうう〜ん...」

—まだ沈没中。女将さんが気付けの濃い抹茶を運んで来た。

女将「西野さん，はい，ひと口どうぞ」

西野「ぐびっ，ぐびっ，熱っ，あ〜ちゃ(茶)ちゃ(茶)ちゃ(茶)ちゃ(茶)ちゃ(茶)〜，あちゃ(茶)〜!!」

女将「よく効くでしょ『緑の粉』は。ちょっと飲むだけでホラもうスッキリ」

西野「酔いが吹き飛んだ〜。先週末みたいに『わさび抹茶』を飲まされなくて命拾いした。行くぞベクトル解析，最後の山はストークス(Stokes)の定理だ」

女将「ストーカー(Stalker)の定理ですって？？？　私は遠慮しておきますよ」

—何やら誤解したまま奥に引っ込む女将さん。

学生「ストークス(Stokes)の定理って，フライデー(Friday)の法則で使う定理ですよね？」

西野「天然ボケがウマいですね〜，それはファラデー(Faraday)の法則やデ〜。黄色い電車に乗って名古屋あたりまで出掛けると？」

学生「今日は天丼 500 円，エビふりゃ〜デーの法則!!　ヤ・メ・テ・下さい，すっかり西野さんに染(そま)っちゃいそうで怖い〜！」

西野「ナニひとりで舞い上がってン?!　ストークス(Stokes)の定理の説明するで，よ〜聞(き)ぃ〜ときや。あれはスケートの記録と風の関係みたいなモンや」

学生「はぃ〜？　まあ風がない屋内リンクの方が記録がいいですね」

西野「風が吹かない？　ホンマかいな？　選手がグルグルと回るうちに，ドームの中をグルグルと回転する風が，かすかに吹き始める」

学生「回る流れが好きなんですね，西野さんは」

西野「流れに乗って，コーナーを曲がるのが趣味でね[61]」

学生「曲がってばかりで，何が楽しいんですか？」

西野「意中の彼女の家の近辺をぐるぐる循環（じゅんかん）するんだ，真夜中まで」

学生「...女将さん，貴方は誤解していません...」

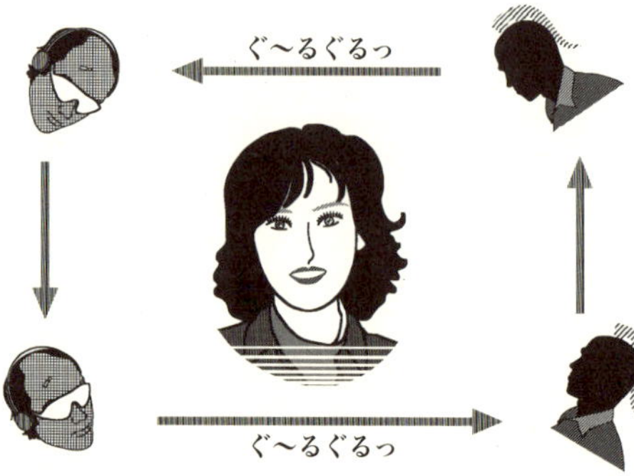

◇◇循環と線積分◇◇

大学で運動部に入部すると，夏だろうと冬だろうと，キャンパスの回りをグルグルと何周も走って，まずは基礎体力をつける[62]。部活動に明け暮れた夏休みが終わると，やがて秋が来て，あっという間に冬になる。北風が吹くと，風に向かって走るのは辛い。逆に，北風を背に受ける所では超ラクチンに走れる。運動場の出口（点 P_0）から大学周回コース C に出て，一周してまた P_0 に戻って来る時，風があるとどれくらい余分に「しんどい」のだろうか？

大学周回コース・マラソン大会を開く時には，コースの上に N 個の旗を立てて，旗と旗をロープで結んでコースを整備する。旗の本数が多ければ多いほど，より正確にコースを表すことができる。出発点に立てた旗の位置は P_0 で，そこから 1 本進むごとに旗の位置を P_1，P_2，... と表すこ

---

[61] 実は西野の専門分野は「コーナーを曲がる行列（Corner Transfer Matrix）」に関係してたりするのだ。

[62] 大学の研究室には「走る趣味」を持った人も多い。うっかり，その手の人がウヨウヨいる研究室に所属すると，運動部よりもキツい毎日が待っているのだ。

大学を回るコースとその折れ線近似

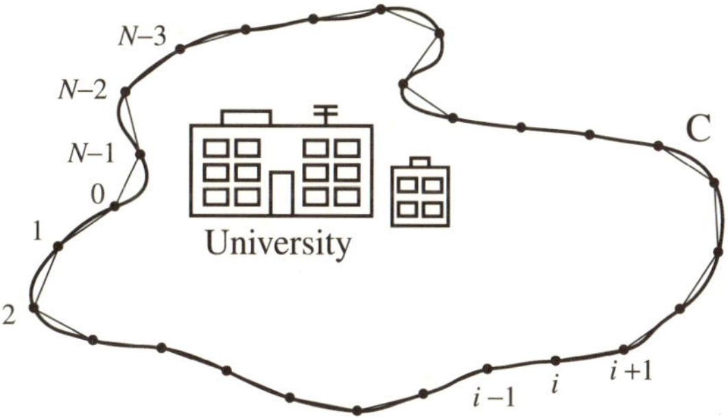

とにしよう。周回コースなので，N 番目の旗というのは 0 番目の旗と同じものだ。つまり $\mathrm{P}_N = \mathrm{P}_0$ が成り立っている。さて，それぞれの旗の位置を $\boldsymbol{r}_0$，$\boldsymbol{r}_1$，…，$\boldsymbol{r}_{N-1}$，$\boldsymbol{r}_N = \boldsymbol{r}_0$ と位置ベクトルで表すと，i 番目の旗から $i+1$ 番目の旗への移動は，短いベクトル

微小な移動 $$\Delta_i \boldsymbol{r} = \boldsymbol{r}_{i+1} - \boldsymbol{r}_i \tag{257}$$

で表される。当たり前のことだけど，$\boldsymbol{r}_0$ から出発して，$i=0$ から $i=N-1$ まで N 区間を $\Delta_i \boldsymbol{r}$ に従って移動すると

$$\boldsymbol{r}_0 + \sum_{i=0}^{N-1} \Delta_i \boldsymbol{r} = \boldsymbol{r}_0 + \sum_{i=0}^{N-1} (\boldsymbol{r}_{i+1} - \boldsymbol{r}_i) = \boldsymbol{r}_N \tag{258}$$

このように位置 $\boldsymbol{r}_N$ に辿(たど)り着いて，$\boldsymbol{r}_N = \boldsymbol{r}_0$ だったから出発点に戻って来る。出発してから戻って来るまでに，周回コース C の上をどれだけの距離歩いた（または走った）かというと，大雑把には旗で区切られた区間の長さ $|\Delta_i \boldsymbol{r}|$ を足し合わせたもの

$$L \fallingdotseq \sum_{i=0}^{N-1} |\Delta_i \boldsymbol{r}| \tag{259}$$

になる。周回コース C の正確な長さ L を知りたければ，旗の本数 N を充分大きく取れば良い。N を大きくして行く作業を（形式的に）数式で表すならば，$N \to \infty$ に伴って $\Delta_i \boldsymbol{r} \to \mathrm{d}\boldsymbol{r}$ および $\sum_{i=0}^{M-1} \to \int_C$ と置き換えると良い。こうして，コースの全長を積分で表すことができる。

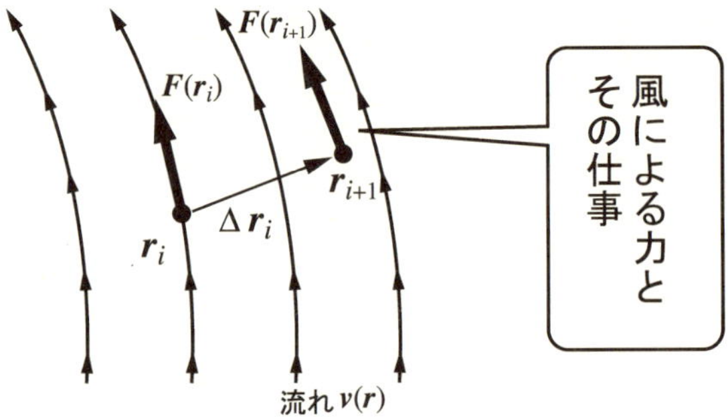

コース C の長さ　$$L = \lim_{N\to\infty}\sum_{i=0}^{N-1}|\Delta_i \boldsymbol{r}| = \int_C |\mathrm{d}\boldsymbol{r}| \tag{260}$$

但し，積分記号の右下に「たどる道筋を表す記号」としてCを添えた（人によっては「元の地点に戻って来る」という意味を込めて，積分記号を $\oint_C$ と「リング付き」にする）。

さて，風がひゅ～ひゅ～吹く流れの速度を $\boldsymbol{v}(\boldsymbol{r})$ とベクトル場で表そう。この風の中，位置 $\boldsymbol{r}$ に突っ立っていると，風速に比例した力を風下側に向かって受ける[63]。

空気抵抗　$$\boldsymbol{F}(\boldsymbol{r}) = \alpha \boldsymbol{v}(\boldsymbol{r}) \tag{261}$$

係数 α は人の背の高さや服装に関係して変化する数なのだけど，その由来については深く問わないことにしよう。風の中を i 番目の旗から $i+1$ 番目の旗までトボトボと歩くと，その際に「風から受ける力によってなされる力学的な仕事 w_i」は，移動を表すベクトル $\Delta_i \boldsymbol{r}$ と，移動中に働いた力の内積で与えられる。旗の間隔が適度に狭ければ，その間で $\boldsymbol{v}(\boldsymbol{r})$ はあまり変化しないから，区間の中点 $\dfrac{\boldsymbol{r}_{i+1}+\boldsymbol{r}_i}{2}$ で風から受ける力 $\boldsymbol{F}\left(\dfrac{\boldsymbol{r}_{i+1}+\boldsymbol{r}_i}{2}\right)$ を区間の中でず～っと受け続けると近似して良いだろう。

[63] かなり大雑把なことを言って，申し訳ないのだけど，細かいことは抜きにして読んでネ。

すると w_i は

$$w_i = (\Delta_i \boldsymbol{r})\cdot \boldsymbol{F}\left(\frac{\boldsymbol{r}_{i+1}+\boldsymbol{r}_i}{2}\right) = (\Delta_i \boldsymbol{r})\cdot\left\{\alpha\boldsymbol{v}\left(\frac{\boldsymbol{r}_{i+1}+\boldsymbol{r}_i}{2}\right)\right\}$$

$$= \alpha(\Delta_i \boldsymbol{r})\cdot \boldsymbol{v}\left(\frac{\boldsymbol{r}_{i+1}+\boldsymbol{r}_i}{2}\right) \tag{262}$$

と書き表すことができる。内積の性質 $\boldsymbol{A}\cdot\boldsymbol{B} = |\boldsymbol{A}||\boldsymbol{B}|\cos\theta$ を思い出すと，追い風の時（$-\pi/2<\theta<\pi/2$）には w_i は正になって，風に押されて楽に進めるけど，向かい風の時（$\pi>|\theta|>\pi/2$）には w_i が負になって，歩くのがしんどくなることは直感的に理解できるだろう。コースCを一周して，全ての区間を通過すると，合計して

風による仕事
$$\sum_{i=0}^{N-1} w_i = \sum_{i=0}^{N-1} \alpha(\Delta_i \boldsymbol{r})\cdot \boldsymbol{v}\left(\frac{\boldsymbol{r}_{i+1}+\boldsymbol{r}_i}{2}\right) \tag{263}$$

だけの力学的な仕事を風から受ける。この仕事を，より正確に求めるには，例によって N を充分大きく取れば良い。

$$W = \lim_{N\to\infty}\sum_{i=0}^{N-1} \alpha(\Delta_i \boldsymbol{r})\cdot \boldsymbol{v}\left(\frac{\boldsymbol{r}_{i+1}+\boldsymbol{r}_i}{2}\right) = \alpha\int_{\mathrm{C}} \boldsymbol{v}(\boldsymbol{r})\cdot \mathrm{d}\boldsymbol{r} \tag{264}$$

この積分で，$\boldsymbol{v}(\boldsymbol{r})$ と $\mathrm{d}\boldsymbol{r}$ の間に内積を表す ”・” があることに注意しよう。コレが抜けていると式の意味が変わってしまう。係数 α を除いた積分は，慣習的に「流れ $\boldsymbol{v}(\boldsymbol{r})$ のCに沿っての循環（じゅんかん）」と呼ばれている。

これが循環だ！
$$\int_{\mathrm{C}} \boldsymbol{v}(\boldsymbol{r})\cdot \mathrm{d}\boldsymbol{r} \tag{265}$$

コレだけ見せられても「何が循環やねん？」と思うのが普通だろう。その有り難みは，実際に「循環」を応用する場面に遭遇してからじわじわ～っと感じる類（たぐ）いのものかもしれない。

循環の大切な性質の一つとして，閉じた道筋を「どちら向きに回るか？」によって，その値が変化することが，まず挙げられる。例えば，次ページの図のように道筋を左回り（反時計回り）に回るコースCと，それとは反対に右回りに回るコースC′を考えるよう。CとC′では道の上を

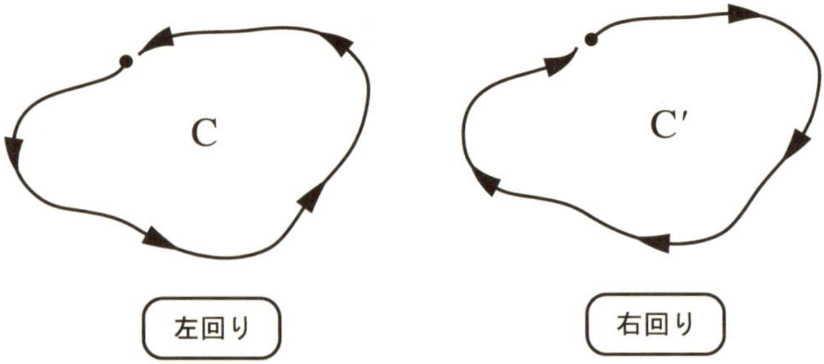

移動する方向が正反対になるので，$\boldsymbol{v}(\boldsymbol{r})\cdot\mathrm{d}\boldsymbol{r}$ の符号がひっくり返って，これが原因で循環の値も正反対になる。

逆回りの循環 $$\int_{\mathrm{C}}\boldsymbol{v}(\boldsymbol{r})\cdot\mathrm{d}\boldsymbol{r} = -\int_{\mathrm{C}'}\boldsymbol{v}(\boldsymbol{r})\cdot\mathrm{d}\boldsymbol{r} \tag{266}$$

また，同じ道筋を何回もグルグルと回ると，回る度に「同じ量の積分」をすることになるので，C を n 回回ると循環も n 倍になる。

n 回回る場合 $$\int_{\mathrm{C}\text{を}n\text{回}}\boldsymbol{v}(\boldsymbol{r})\cdot\mathrm{d}\boldsymbol{r} = n\int_{\mathrm{C}}\boldsymbol{v}(\boldsymbol{r})\cdot\mathrm{d}\boldsymbol{r} \tag{267}$$

ついでながら，「循環」のようにコース C に沿って，線上の関数を積分したものを「線積分（せんせきぶん）」と呼ぶ習わしがある。これで**ベクトル解析の積分御三家**「線積分，面積分，体積分」が出揃ったわけだ。

風から受け取る仕事 W が正だったら，つまり式（265）の循環が正であれば，P を出発して C を回って，また P に戻って来る散歩が（平均して）少しラクチンになる。逆に負だったら，しんどい散歩になる。理想的にラクチンなのは，C の上で常に背中から風を受けるような風の場合だ。そういう流れって？　何だか「回転する流れ」が見えかくれしているような気がしないかな？　丸い屋内スケートリンクのように…

◆◆もう一つの積分◆◆

線積分の周辺には，色々な用語と記号がある。勉強して行くうちに，どんな物を習うのか，ちょっとのぞき見してみよう（ナニごとにも言えるのだけど「ノゾキ見」してワクワクしている頃が一番楽しい時期なのだ）。

線積分を少し一般的に定義すると，ある線Cに沿って「Cの形と，その通っている場所」に関係した量（＝関数）を積分したものだと言える。形式的に...つまり無理矢理...「線積分の一般形」を数式で表すと

$$G[\mathrm{C}] = \int_{\mathrm{C}} \mathrm{d}F(\boldsymbol{r}\,;\mathrm{C}) \qquad (268)$$

と書けないこともない。$\mathrm{d}F(\boldsymbol{r}\,;\mathrm{C})$ は線上の点 $\boldsymbol{r}$ 付近でCの形に関係した微小な量を意味する。例えば，線積分の代表的な例である循環の場合は，$\mathrm{d}F(\boldsymbol{r}\,;\mathrm{C}) = \boldsymbol{v}(\boldsymbol{r})\cdot\mathrm{d}\boldsymbol{r}$ である。こんな風に，ある曲線Cに関係した積分のことを「Cの汎関数(はんかんすう)積分」と呼ぶ。「汎(はん)」という字は「凡(ぼん)」に似ているので，誤って「ぼんかんすう」と読むと，「その筋の人」にはウケる冗談になるかもしれない。

線積分や汎関数積分までは，凡人(ぼんじん)でも思い付くモノなのだけど，もっとエゲツない積分もある。それが「経路積分」と呼ばれている代物で，

$$J = \sum_{[\mathrm{C}]} G[\mathrm{C}] = \sum_{[\mathrm{C}]} \int_{\mathrm{C}} \mathrm{d}F(\boldsymbol{r}\,;\mathrm{C}) \qquad (269)$$

といった具合に「あらゆる曲線Cについて線積分 $G[\mathrm{C}]$を足し上げたモノ」に相当している。ちょっと考えると，そんな物は直ちに「無限大」になってしまって何の意味も無さそうに思えるのだけど，経路積分同士の比を取ると，意味のある量を引き出せることがわかっている。経路積分は結構アチコチで使われるのだけど，物理屋さんが経路積分を初めて目にするのは「量子力学」または「拡散現象」を習った時だろう。ちょっと変わった所では，株などの金融資産を運用する時に，その基礎として使われる「ブラック・ショールズ方程式」も，経路積分によって表すことができる。カタカナ言葉も漢語と同じく読み間違え易い。「ブルック・シールズ方程式」などとウロ覚えしておくと，楽屋オチとして使えるかもしれない。

◇◇循環とローテーション◇◇

式（265）で導入した「循環」を，位置 $\boldsymbol{r}$ にある点を囲むような小さなコース C について計算してみよう。考えるのは，図のように点 $\boldsymbol{r}$ を中心として，XY 平面に平行な，一辺の長さが Δx および Δy の長方形だ。

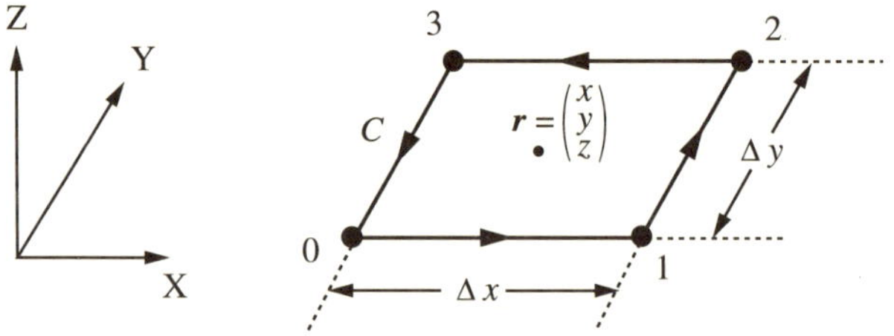

XY平面内の点 r を囲む
小さな正方形の場合を循環を考える

しばらく計算三昧 出発点 P_0 から出発して，P_1，P_2，P_3 と通過して出発点 $P_4 = P_0$ まで戻って来る「Z 軸正の方向から見て左回りの」コース C は，長方形の項点の位置

$$\boldsymbol{r}_0 = \begin{bmatrix} x - \dfrac{\Delta x}{2} \\ y - \dfrac{\Delta y}{2} \\ z \end{bmatrix}, \quad \boldsymbol{r}_1 = \begin{bmatrix} x + \dfrac{\Delta x}{2} \\ y - \dfrac{\Delta y}{2} \\ z \end{bmatrix},$$
$$\boldsymbol{r}_2 = \begin{bmatrix} x + \dfrac{\Delta x}{2} \\ y + \dfrac{\Delta y}{2} \\ z \end{bmatrix}, \quad \boldsymbol{r}_3 = \begin{bmatrix} x - \dfrac{\Delta x}{2} \\ y + \dfrac{\Delta y}{2} \\ z \end{bmatrix} \tag{270}$$

に「旗を立てて」指定できる。この小さなコースについて，旗から旗までの移動量 $\Delta_i \boldsymbol{r} = \boldsymbol{r}_{i+1} - \boldsymbol{r}_i$ はそれぞれ

$$\Delta_0 \boldsymbol{r} = \begin{pmatrix} \Delta x \\ 0 \\ 0 \end{pmatrix} = -\Delta_2 \boldsymbol{r}, \quad \Delta_1 \boldsymbol{r} = \begin{pmatrix} 0 \\ \Delta y \\ 0 \end{pmatrix} = -\Delta_3 \boldsymbol{r} \tag{271}$$

となっている。また $\boldsymbol{r}_i$ と $\boldsymbol{r}_{i+1}$ の中点の座標が，式 (270) より簡単に求められて

$$\begin{pmatrix} x \\ y-\dfrac{\Delta y}{2} \\ z \end{pmatrix} = \boldsymbol{r}-\frac{\Delta y}{2}\boldsymbol{e}_{\mathrm{Y}}, \quad \begin{pmatrix} x+\dfrac{\Delta x}{2} \\ y \\ z \end{pmatrix} = \boldsymbol{r}+\frac{\Delta x}{2}\boldsymbol{e}_{\mathrm{X}},$$

$$\begin{pmatrix} x \\ y+\dfrac{\Delta y}{2} \\ z \end{pmatrix} = \boldsymbol{r}+\frac{\Delta y}{2}\boldsymbol{e}_{\mathrm{Y}}, \quad \begin{pmatrix} x-\dfrac{\Delta x}{2} \\ y \\ z \end{pmatrix} = \boldsymbol{r}-\frac{\Delta x}{2}\boldsymbol{e}_{\mathrm{X}} \qquad (272)$$

となることに注意して，この小さな長方形コースに沿って風の流れ $\boldsymbol{v}(\boldsymbol{r})$ の循環を計算すると

$$\begin{aligned}
&\sum_{i=0}^{3}\Delta_i\boldsymbol{r}\cdot\boldsymbol{v}\left(\frac{\boldsymbol{r}_{i+1}+\boldsymbol{r}_i}{2}\right) \\
&=\begin{pmatrix}\Delta x\\0\\0\end{pmatrix}\cdot\boldsymbol{v}\left(\boldsymbol{r}-\frac{\Delta y}{2}\boldsymbol{e}_{\mathrm{Y}}\right)+\begin{pmatrix}0\\\Delta y\\0\end{pmatrix}\cdot\boldsymbol{v}\left(\boldsymbol{r}+\frac{\Delta x}{2}\boldsymbol{e}_{\mathrm{X}}\right) \\
&-\begin{pmatrix}\Delta x\\0\\0\end{pmatrix}\cdot\boldsymbol{v}\left(\boldsymbol{r}+\frac{\Delta y}{2}\boldsymbol{e}_{\mathrm{Y}}\right)-\begin{pmatrix}0\\\Delta y\\0\end{pmatrix}\cdot\boldsymbol{v}\left(\boldsymbol{r}-\frac{\Delta x}{2}\boldsymbol{e}_{\mathrm{X}}\right) \\
&=\Delta x\left(v_{\mathrm{X}}\left(\boldsymbol{r}-\frac{\Delta y}{2}\boldsymbol{e}_{\mathrm{Y}}\right)-v_{\mathrm{X}}\left(\boldsymbol{r}+\frac{\Delta y}{2}\boldsymbol{e}_{\mathrm{Y}}\right)\right)+\Delta y\left(v_{\mathrm{Y}}\left(\boldsymbol{r}+\frac{\Delta x}{2}\boldsymbol{e}_{\mathrm{X}}\right)-v_{\mathrm{Y}}\left(\boldsymbol{r}-\frac{\Delta x}{2}\boldsymbol{e}_{\mathrm{X}}\right)\right) \\
&=\Delta x\Delta y\left(\frac{v_{\mathrm{X}}\left(\boldsymbol{r}-\frac{\Delta y}{2}\boldsymbol{e}_{\mathrm{Y}}\right)-v_{\mathrm{X}}\left(\boldsymbol{r}+\frac{\Delta y}{2}\boldsymbol{e}_{\mathrm{Y}}\right)}{\Delta y}+\frac{v_{\mathrm{Y}}\left(\boldsymbol{r}+\frac{\Delta x}{2}\boldsymbol{e}_{\mathrm{X}}\right)-v_{\mathrm{Y}}\left(\boldsymbol{r}-\frac{\Delta x}{2}\boldsymbol{e}_{\mathrm{X}}\right)}{\Delta x}\right) \\
&\fallingdotseq\Delta x\Delta y\left(-\frac{\partial v_{\mathrm{X}}(\boldsymbol{r})}{\partial y}+\frac{\partial v_{\mathrm{Y}}(\boldsymbol{r})}{\partial x}\right)=\Delta x\Delta y\left(\frac{\partial v_{\mathrm{Y}}(\boldsymbol{r})}{\partial x}-\frac{\partial v_{\mathrm{X}}(\boldsymbol{r})}{\partial y}\right) \qquad (273)
\end{aligned}$$

という風に，Δx と Δy が充分小さければ，長方形の経路に沿っての循環は，長方形の面積 $\Delta S=\Delta x\Delta y$ に $\nabla\times\boldsymbol{v}(\boldsymbol{r})$ の Z 成分

$$\boldsymbol{e}_{\mathrm{Z}}\cdot\{\nabla\times\boldsymbol{v}(\boldsymbol{r})\}=\frac{\partial v_{\mathrm{Y}}(\boldsymbol{r})}{\partial x}-\frac{\partial v_{\mathrm{X}}(\boldsymbol{r})}{\partial y} \qquad (274)$$

を掛け合わせたものになる。これは偶然ではなくて，$\boldsymbol{r}$ を中心として YZ 平面に平行な長方形を回るコースを考えると，$\nabla\times\boldsymbol{v}(\boldsymbol{r})$ の X 成分 $\boldsymbol{e}_X\cdot\{\nabla\times\boldsymbol{v}(\boldsymbol{r})\}$ に長方形の面積を掛けたものが，また XZ 平面に平行な長方形を回るコースを考えると，$\nabla\times\boldsymbol{v}(\boldsymbol{r})$ の Y 成分 $\boldsymbol{e}_Y\cdot\{\nabla\times\boldsymbol{v}(\boldsymbol{r})\}$ に長方形の面積を掛けたものが得られる。**循環の陰にローテーションアリ!!** なのじゃ。

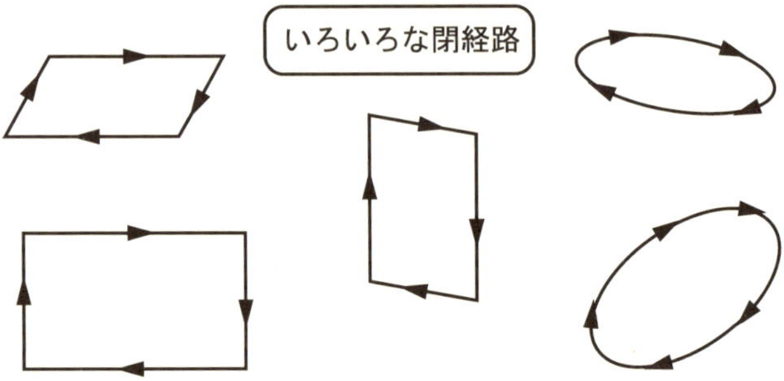

より一般的には，長方形がどんな方向を向いていようと，その法線 $\boldsymbol{n}$ と面積 ΔS の積 $\Delta\boldsymbol{S} = \boldsymbol{n}\Delta S$ と $\nabla\times\boldsymbol{v}(\boldsymbol{r})$ の内積 $\Delta\boldsymbol{S}\cdot\{\nabla\times\boldsymbol{v}(\boldsymbol{r})\}$ が，長方形の辺に沿っての循環になっているのだ。

今まで長方形のコースを例に取って来たけど，三角形のコース C について同様の関係式を示すのは（時間さえ少しかければ）簡単なことだ。疑い深い人は確かめてみると良いだろう。コースの形は，もう少し一般化することも可能だ。星型やハート型のように，テキトーな形をした「小さな」コース C が平面の中にあって，その内側の面積が ΔS で，平面の法線を $\boldsymbol{n}$ とすると，C に沿っての循環は（長方形と同じように）

微小領域の循環 $$(\boldsymbol{n}\Delta S)\cdot\{\nabla\times\boldsymbol{v}(\boldsymbol{r})\} = \Delta\boldsymbol{S}\cdot\{\nabla\times\boldsymbol{v}(\boldsymbol{r})\} \qquad (275)$$

となることが知られている。証明は...ヤリ始めると長くなるので，やめておこう。酒の飲み過ぎと数式の眺め過ぎは体に良くないものだ。領域の形が三角形である場合について，上の式を認めてしまえば，後で学ぶ「ストークスの定理」を使ってより一般的な「閉じたコース C」についても，式(275)が成立することを簡単に説明できるから，ひとまず一服しよう。

懐石 a la 問答

一秋を感じる夕べ，ふと故郷を思い出す…

西野「一番札所(ふだしょ)は鳴門(なると)の霊山寺(りょうぜんじ)，八十八番が大窪寺(おおくぼじ)」

学生「それ，講義の雑談で聞きましたよ，四国霊場八十八ケ所ですね？」

西野「四国一周のコース C だ。自分の足で巡ってこそ御利益がある」

学生「何の御利益があるんですか？」

西野「経験した人に聞いたら『回り終えればわかります』とか」

学生「ダイエットには良さそうですね？」

西野「いやいや，そう甘くはない。旅の終わり近く，八十六番志度寺(しどじ)は，瀬戸内では知る人ぞ知る『うまい物所』志度にある。子供のおやつが，水揚げされたば〜っかりのエビやシャコを軽くボイルした物だったりする，恐るべきグルメ王国。ちょっと油断すると，ここで一気に太る」

学生「四国循環・ダイエットとグルメの旅，煩悩(ぼんのう)だらけですね」

西野「煩悩が多い豊かな土地を巡るからこそ，煩悩を断ち切れると思うベシ。ああ，大学も煩悩の渦は酒池肉林，実に勉強に打ち込める!!」

学生「ところで，みんな本当に八十八ケ所を一気に回るんですか？」

西野「休暇が取れる度に 22 ケ所ずつくらいバスで回る人も多いらしいよ」

学生「コースを分割するんですね」

西野「例えば，徳島の阿波池田(あわいけだ)から，4 回に分けて霊場を回ると，こんな具合になる」

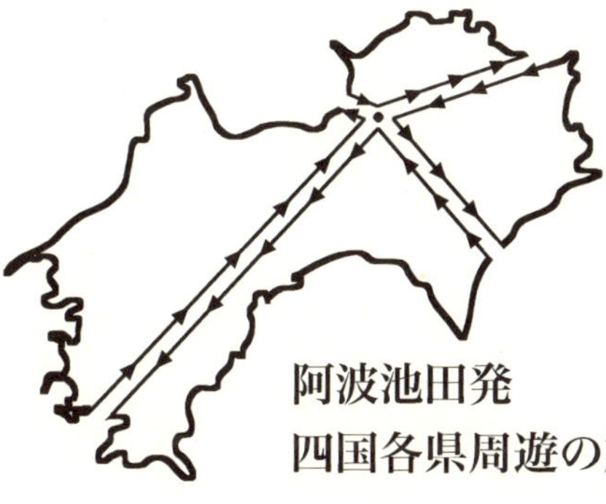

阿波池田発
四国各県周遊の旅

愛媛名物 タルト

学生「本当に巡ってるのは太線の所で，家からコースに入るまでは往復しているだけなんですね。御利益が薄そう....」

西野「いい所に気が付いたね，それがストークスの定理の本質だ」

学生「私って才能あるのかしら？」

西野「あるある。感動した。....滅多にないことだから」

学生「ところで，西野さんが故郷の四国を離れて，こんな港街に永住してるのはナ～ゼ？」

西野「それはね～，『始点』が香川で『終点』が....」

女将「その質問は禁句ですよ，一時間くらいノロけまくるんですから」

—いつの間にかデザートを持って来た女将さんだ。

学生「またうず巻きですね」

西野「これは愛媛(えひめ)県の代表的なお菓子『タルト』だよ」

学生「西野さん，こんなのば～っかし食べてたから，うず巻きと物理が好きになったんでしょ～？　甘そうですね」

西野「好物は，まず口に入れてから後悔(こうかい)せよ――ダイエットの第一法則だ。さあ食べよう。空海(くうかい)ゆかりの八十八ケ所，デザート食うかい(空海)？　そして後悔(こうかい)？」

学生「そんなこと言われたら，食べる前に警戒(けいかい)しちゃいます～....」

—おい，みなの衆，最後の山場・ストークスの定理をチャンと議論してからデザートに手をつけろ!!

◇◇打ち消し合う線積分◇◇

冬といえば北風，というのが普通なのだけど，瀬戸内の冬は猛烈に強い西風で有名だ。風の強い日に，自転車にまたがってちょっとスーパーマーケットまでお買い物という時，行きは追い風に背中を押されて超ラクチ〜ン。買い物を終えた後には，向かい風との格闘が待ち受けている。行きはヨイヨイ帰りは怖い，こうして行きに楽チンをすると帰りには「その分だけ」苦労するのが世の中の常。この往復を数式に乗せてみよう。

自宅を点P，スーパーマーケットを点Qとして，P→Q→Pをゆっくり往復した時に，風から受ける仕事を計算するのだ。

区間PQをN分割する例の方法に従うと，Pの位置を$\boldsymbol{r}_0 = \boldsymbol{r}_{\mathrm{P}}$，Qの位置を$\boldsymbol{r}_N = \boldsymbol{r}_{\mathrm{Q}}$として，まず行きに風から受ける仕事は

>行き>

$$W_{\mathrm{P}\to\mathrm{Q}} \fallingdotseq \sum_{i=0}^{N-1} \alpha(\boldsymbol{r}_{i+1} - \boldsymbol{r}_i) \cdot \boldsymbol{v}\left(\frac{\boldsymbol{r}_{i+1} + \boldsymbol{r}_i}{2}\right) \tag{276}$$

と表せる。式(265)と比べて，ちょっと違う点は，始点Pと終点Qが異なることだ。帰りは$\boldsymbol{r}_N = \boldsymbol{r}_{\mathrm{Q}}$から$\boldsymbol{r}_0 = \boldsymbol{r}_{\mathrm{P}}$へと，もと来た道をトボトボと戻って行くわけだから，

<帰り<

$$W_{\mathrm{Q}\to\mathrm{P}} \fallingdotseq \sum_{i=N-1}^{0} \alpha(\boldsymbol{r}_i - \boldsymbol{r}_{i+1}) \cdot \boldsymbol{v}\left(\frac{\boldsymbol{r}_{i+1} + \boldsymbol{r}_i}{2}\right) \tag{277}$$

が帰りの仕事になる。両方足しあわせると，各区間の寄与が打ち消し合っ

て $W_{P\to Q}+W_{Q\to P}$ がゼロになることは明らかだ。

$$\sum_{0}^{i=N-1} \alpha(\boldsymbol{r}_{i+1}-\boldsymbol{r}_i+\boldsymbol{r}_i-\boldsymbol{r}_{i+1})\cdot\boldsymbol{v}\left(\frac{\boldsymbol{r}_{i+1}+\boldsymbol{r}_i}{2}\right)=0 \tag{278}$$

道筋を歩く方向が反対になると，道中の $\boldsymbol{v}(\boldsymbol{r})\cdot\Delta\boldsymbol{r}$ の符号がひっくり返ってしまうのが，そもそもの原因[64]。

さて，分割の数 N を増やして，$W_{P\to Q}$ と $W_{Q\to P}$ を線積分の形で書き表してみよう。

$$W_{P\to Q}=\alpha\int_{P\to Q}\boldsymbol{v}(\boldsymbol{r})\cdot d\boldsymbol{r}=\alpha\int_{P}^{Q}\boldsymbol{v}(\boldsymbol{r})\cdot d\boldsymbol{r}$$

$$W_{Q\to P}=\alpha\int_{Q\to P}\boldsymbol{v}(\boldsymbol{r})\cdot d\boldsymbol{r}=\alpha\int_{Q}^{P}\boldsymbol{v}(\boldsymbol{r})\cdot d\boldsymbol{r} \tag{279}$$

少し前にチョコっと触れたけど，線積分の場合，積分記号の右下に「コースを表す文字または記号」を添えるのが普通だ。また，式の一番右側のように，積分記号の下側に始点を，上側に終点を添えてコースを表す書き方も，よく用いられる[65]。行きと帰りでは，移動する方向 $d\boldsymbol{r}$ が正反対なので

$$\int_{Q}^{P}\boldsymbol{v}(\boldsymbol{r})\cdot d\boldsymbol{r}=\int_{P}^{Q}\boldsymbol{v}(\boldsymbol{r})\cdot(-d\boldsymbol{r})=-\int_{P}^{Q}\boldsymbol{v}(\boldsymbol{r})\cdot d\boldsymbol{r} \tag{280}$$

が成立して，線積分の形での「打ち消し合い」は次のように記述できる。

往復でゼロになる線積分

$$\alpha\int_{P}^{Q}\boldsymbol{v}(\boldsymbol{r})\cdot d\boldsymbol{r}+\alpha\int_{Q}^{P}\boldsymbol{v}(\boldsymbol{r})\cdot d\boldsymbol{r}=\alpha\int_{P\to Q\to P}\boldsymbol{v}(\boldsymbol{r})\cdot d\boldsymbol{r}=0 \tag{281}$$

これは「実にあほくさい」式なのだけど，使い方によっては生きて来る。

図のようにOを出発してOABCOと回るコースを C_1（香川県コース），OCDEOと回るコースを C_2（徳島県コース），OEFGOと回るコースを C_3（高知県コース），OGHAOと回るコースを C_4（愛媛県コース）と書

---

[64] 循環の符号が，閉じた道筋を回る方向によってひっくり返ること（式（266））を思い出そう。

[65] 積分記号に添える記号は滅茶苦茶いろいろあるので，パッと数式を見ただけでは意味が全くわからないことがある。「せ〜んせ〜，コレ教えてくださ〜い」と学生が持って来た本に積分記号が含まれていたりすると，実は悲劇なのだ....

いて，全てのコースを続けて回る場合の $\boldsymbol{v}(\boldsymbol{r})$ の循環を求めてみよう。

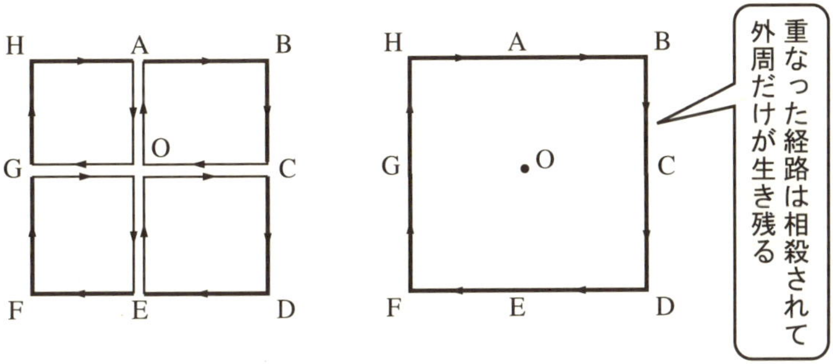

まず，マジメに線積分で書くと循環は

$$\int_{C_1}\boldsymbol{v}(\boldsymbol{r})\cdot\mathrm{d}\boldsymbol{r}+\int_{C_2}\boldsymbol{v}(\boldsymbol{r})\cdot\mathrm{d}\boldsymbol{r}+\int_{C_3}\boldsymbol{v}(\boldsymbol{r})\cdot\mathrm{d}\boldsymbol{r}+\int_{C_4}\boldsymbol{v}(\boldsymbol{r})\cdot\mathrm{d}\boldsymbol{r} \qquad (282)$$

なのだけど，C_1 から C_2 へと進む所で O と C の間を往復しているので，この部分の線積分は打ち消し合う。同じようにOE，OG，OA を通る時の線積分も打ち消し合いが起こって，結局は

$$\int_{ABC}\boldsymbol{v}(\boldsymbol{r})\cdot\mathrm{d}\boldsymbol{r}+\int_{CDE}\boldsymbol{v}(\boldsymbol{r})\cdot\mathrm{d}\boldsymbol{r}+\int_{EFG}\boldsymbol{v}(\boldsymbol{r})\cdot\mathrm{d}\boldsymbol{r}+\int_{GHA}\boldsymbol{v}(\boldsymbol{r})\cdot\mathrm{d}\boldsymbol{r}$$

$$=\int_{ABCDEFGHA}\boldsymbol{v}(\boldsymbol{r})\cdot\mathrm{d}\boldsymbol{r} \qquad (283)$$

と「田の字の外周」を回る部分の線積分だけが生き残る。

ここから本題 下準備はここまでにして，ストークスの定理の説明に入ろう。まず，下図のような曲面を考える。曲面の「へり」は必ず閉じた曲

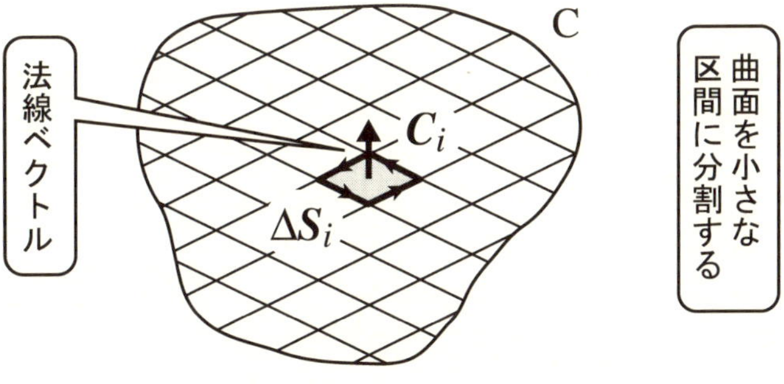

線になっているので[66]これをCと呼ぼう。次に，曲面に網の目模様を入れて，細かな領域に分割しよう。領域が充分に小さければ，それぞれを(近似的に) 平面として取り扱うことができる。この細かな面に1からNまで番号を振った上で，

- i番目の領域の面積をΔS_i
- その法線を$\boldsymbol{n}_i$
- その周囲を一周する閉じた曲線をC_i

と書こう。もちろん，曲面の面積SはΔS_iを全て寄せ集めたものになる。

$$S \fallingdotseq \sum_{i=1}^{N} \Delta S_i \tag{284}$$

さて，i番目の領域の「へり」であるC_iを，法線側から見て反時計回り(左回り) に一周する場合について，ベクトル場$\boldsymbol{v}(\boldsymbol{r})$の循環を計算しよう。領域は充分小さいので，記号$\Delta \boldsymbol{S}_i = \boldsymbol{n}_i \Delta S_i$と式 (275) を使って

微小領域回りの循環

$$\int_{\mathrm{C}_i} \boldsymbol{v}(\boldsymbol{r}) \cdot \mathrm{d}\boldsymbol{r} = (\boldsymbol{n}_i \Delta S_i) \cdot \{\nabla \times \boldsymbol{v}(\boldsymbol{r}_i)\} = \Delta \boldsymbol{S}_i \cdot \{\nabla \times \boldsymbol{v}(\boldsymbol{r}_i)\} \tag{285}$$

と，循環を単純な形で表すことが可能だ。ここで$\boldsymbol{v}(\boldsymbol{r}_i)$の中に出て来る位置$\boldsymbol{r}_i$は，$\mathrm{C}_i$で囲まれた小さな領域のド真ん中。

全ての領域について，この循環を計算して合計してみよう。意外なことにヒョッコリと$\nabla \times \boldsymbol{v}(\boldsymbol{r})$についての面積分が登場する。

$$\sum_{i=1}^{N} \int_{\mathrm{C}_i} \boldsymbol{v}(\boldsymbol{r}) \cdot \mathrm{d}\boldsymbol{r} = \sum_{i=1}^{N} \Delta \boldsymbol{S}_i \cdot \{\nabla \times \boldsymbol{v}(\boldsymbol{r}_i)\} \fallingdotseq \int_{\mathrm{S}} \{\nabla \times \boldsymbol{v}(\boldsymbol{r})\} \cdot \mathrm{d}\boldsymbol{S} \tag{286}$$

この式の一番左側に注目してほしい。隣り合う二つの領域を隔てるような境界部分の線積分は，式 (281, 283) で説明したように「打ち消し合い」が起こってゼロになる。

とすると，差し引きして残るのは「面Sのへり Cをぐるりと回る外周

[66] 数学者はコレを一生懸命証明したがるのだけど，物理学者は目で見て納得してソレで終わり。このあたりの「こだわりの差」も，数学と物理が兄弟であっても，同じものではない原因の一つだろう。

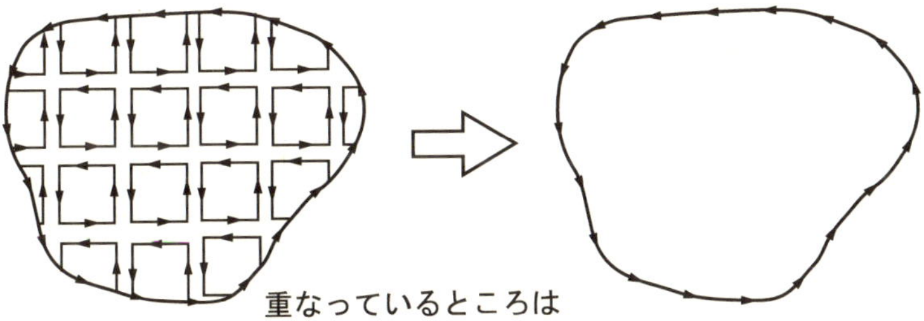
重なっているところは
打ち消しあい、外周だけが残る

部分の線積分」だけになる。

残るのはフチだけ！

$$\sum_{i=1}^{N}\int_{C_i} \boldsymbol{v}(\boldsymbol{r})\cdot \mathrm{d}\boldsymbol{r} = \int_{C} \boldsymbol{v}(\boldsymbol{r})\cdot \mathrm{d}\boldsymbol{r} \tag{287}$$

こうして，微小な領域での循環の和を，面積分（式(286)）と線積分（式(287)）のふた通りの書き方で表せた。もちろん，これらは等しいので，最終的に

$$\int_{S}\{\nabla\times \boldsymbol{v}(\boldsymbol{r})\}\cdot \mathrm{d}\boldsymbol{S} = \int_{C} \boldsymbol{v}(\boldsymbol{r})\cdot \mathrm{d}\boldsymbol{r} \tag{288}$$

が成立しているはずだ。この等式がストークスの定理の一例。この関係式を得る途中で，$\boldsymbol{v}(\boldsymbol{r})$ が「風の流れである」という事実はどこにも使わなかったので，$\boldsymbol{v}(\boldsymbol{r})$ を任意のベクトル場 $\boldsymbol{F}(\boldsymbol{r})$ で置き換えても，上の関係は保たれる。コレがホンマもんのストークスの定理だ。

ストークスの定理

$$\int_{S}\{\nabla\times \boldsymbol{F}(\boldsymbol{r})\}\cdot \mathrm{d}\boldsymbol{S} = \int_{C} \boldsymbol{F}(\boldsymbol{r})\cdot \mathrm{d}\boldsymbol{r} \tag{289}$$

ストークスの定理の，ちょっとイタズラ的な使い方を一つ。曲面Sが風船のように閉じていると，その表面での積分

$$\int_{S}\{\nabla\times \boldsymbol{F}(\boldsymbol{r})\}\cdot \mathrm{d}\boldsymbol{S} \tag{290}$$

がゼロになることを簡単に示せる。なぜなら「閉じた曲面にはフチCがない」ので，式（289）の右辺がゼロになってしまうからだ。一方，上の式には別の証明方法もあって，6章に出て来たガウスの定理をまず使って

$$\int_{\mathrm{S}}\{\nabla\times\boldsymbol{F}(\boldsymbol{r})\}\cdot\mathrm{d}\boldsymbol{S} = \int_{\mathrm{V}}\nabla\cdot\{\nabla\times\boldsymbol{F}(\boldsymbol{r})\}\,\mathrm{d}V \qquad (291)$$

を得た後で，8章で証明した公式 $\nabla\cdot\{\nabla\times\boldsymbol{F}(\boldsymbol{r})\}=0$ を一発カマしても良い。但し，Vと書いてあるのは，Sによって囲まれる領域のことだ。この辺りまでやって来ると「ベクトル懐石料理のハ～モニ～（調和）」が，ようやく感じられるようになる。**単に線積分，面積分，体積分が別々にあるのではなくて，それぞれが互いに関係しているのだ。**

◆◆お茶濁し◆◆

大学に入学したら，早速「ニュートン力学」を復習するのだけど，そこで「保存力」という聞き慣れないものに遭遇する。「保存力って何ですか？」と先生に聞くと「非保存力ではないものです」なんてイイ加減にお茶を濁されることも無いとは言えない。本当の所はどうか？ というと「保存力 $\boldsymbol{F}(\boldsymbol{r})$ とはポテンシャル $U(\boldsymbol{r})$ の勾配 $-\nabla U(\boldsymbol{r})$ で表せるような力です」と考えるのが一番明快だ。それは何故か？ というと，保存力 $\boldsymbol{F}(\boldsymbol{r})$ は「閉じた道筋Cを一周した時に，線積分

$$\int_{\mathrm{C}}\boldsymbol{F}(\boldsymbol{r})\cdot\mathrm{d}\boldsymbol{r}=0 \qquad (292)$$

がゼロになる」という大切な性質を持っているのだけど，それは $\boldsymbol{F}(\boldsymbol{r})=-\nabla U(\boldsymbol{r})$ をいったん認めてしまえば，ストークスの定理を使って

$$\int_{\mathrm{C}}\boldsymbol{F}(\boldsymbol{r})\cdot\mathrm{d}\boldsymbol{r}=\int_{\mathrm{S}}\{\nabla\times\boldsymbol{F}(\boldsymbol{r})\}\cdot\mathrm{d}\boldsymbol{S}=\int_{\mathrm{S}}\{\nabla\times(-\nabla U(\boldsymbol{r}))\}\cdot\mathrm{d}\boldsymbol{S} \qquad (293)$$

によって簡単に説明できるからだ。任意のスカラー場 $U(\boldsymbol{r})$ について $\nabla\times\nabla U(\boldsymbol{r})$ はゼロだった（式（251））から，上の式の右辺は自動的にゼロになるのだ。保存力がわかったら，「非保存力って何ですか？」と考えるのが普通だろう。答えは一つ「非保存力は保存力ではありません」。

あ～やっぱりお茶濁しだ……

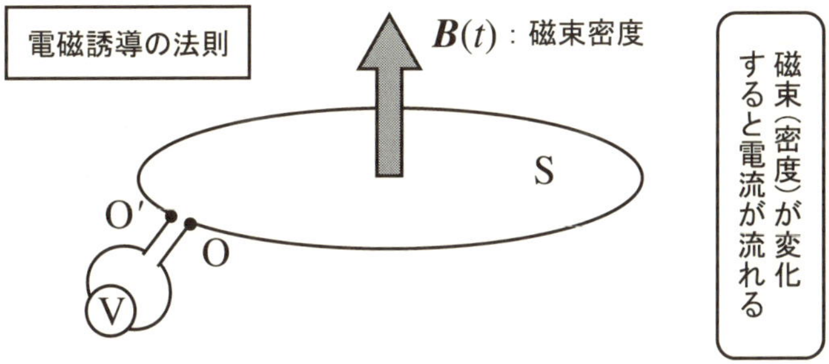

◇◇電磁誘導の法則◇◇

高校の物理の教科書をめくると次のような一文が「**ファラデーの電磁誘導の法則**」の説明として書かれている。

> **電磁誘導**：閉じた回路を貫く磁束 $\Phi(t)$ が時間変化するとき，回路には $\Phi(t)$ の変化を妨げる方向に電圧 $V(t)$ が生じる

大学に入学して「電磁気学」を学ぶときには，この文章に含まれる言葉を，いちいち数式に乗せることに心血を注ぐ。電磁誘導はと～っても実用的な現象なので，その基礎をちゃんと数式で固めておこうという魂胆である。これは，電磁気学の「山場」の一つなのだけど，あらかじめベクトル解析が頭に入っていたら，そんなに高い山ではない[67]。

電磁誘導の法則では「ほとんど閉じた回路」を考える。図のように，磁束密度 $\boldsymbol{B}(\boldsymbol{r}, t)$ が存在する空間中に，輪になった針金（つまり導線）を置くのだ。但し，針金の始点Oと終点O′は「非常に近い場所にあるけど，同じ点ではない」としよう。針金はOからO′へのコースと見なすこともできるので，これをCと書こう。電磁誘導の法則は $\boldsymbol{B}(\boldsymbol{r}, t)$ が時間変化している最中には，OとO′の間にゼロではない電圧（または電位）の差 $V(t)$ が生じることを意味している。この電圧は何に等しいかとい

[67] いや，大抵の場合は，ファラデーの法則が出て来た所でベクトル解析の参考書を開くことになるのだ，実際の所は。ドロナワ勉強の積み重ねも大切だ。

うと，1クーロン（Coulomb）の電荷をCに沿って移動させた時に，電場が電荷に与える仕事に等しい（.... 電圧の定義を思い出そう）。従って，$V(t)$ は，コースCに沿って電場 $\boldsymbol{E}(\boldsymbol{r}, t)$ を線積分したもの，つまり $\boldsymbol{E}(\boldsymbol{r}, t)$ の循環に等しくなる。

電位差 $$V(t) = \int_{O}^{O'} \boldsymbol{E}(\boldsymbol{r}, t) \cdot \mathrm{d}\boldsymbol{r} \fallingdotseq \int_{C} \boldsymbol{E}(\boldsymbol{r}, t) \cdot \mathrm{d}\boldsymbol{r} \tag{294}$$

一方，回路を貫く磁束 $\Phi(t)$ というのは，Cを「へり」に持つ曲面Sについて磁束密度 $\boldsymbol{B}(\boldsymbol{r}, t)$ を面積分したもので与えられる。

磁束 $$\Phi(t) = \int_{S} \boldsymbol{B}(\boldsymbol{r}, t) \cdot \mathrm{d}\boldsymbol{S} \tag{295}$$

上の二つの式を合わせたものが，積分を使って表した「ファラデーの法則」だ。

ファラデーの法則 $$\int_{C} \boldsymbol{E}(\boldsymbol{r}, t) \cdot \mathrm{d}\boldsymbol{r} = -\frac{\partial}{\partial t} \int_{S} \boldsymbol{B}(\boldsymbol{r}, t) \cdot \mathrm{d}\boldsymbol{S} \tag{296}$$

ここで，ストークスの定理をチョイと絡ませるのが「電磁気学で単位をもらう定番の裏技」の一つで，左辺は

$$\int_{C} \boldsymbol{E}(\boldsymbol{r}, t) \cdot \mathrm{d}\boldsymbol{r} = \int_{S} \nabla \times \boldsymbol{E}(\boldsymbol{r}, t) \cdot \mathrm{d}\boldsymbol{S} \tag{297}$$

と面積分に書き直すことができる。そうすると？　式 (296) と式 (297) を比べて

$$\int_{S} \nabla \times \boldsymbol{E}(\boldsymbol{r}, t) \cdot \mathrm{d}\boldsymbol{S} = -\frac{\partial}{\partial t} \int_{S} \boldsymbol{B}(\boldsymbol{r}, t) \cdot \mathrm{d}\boldsymbol{S} \tag{298}$$

が成り立っていることを「発見」するだろう。そう，線積分を取り払うと，コレはまさに4行ある**マクスウェル方程式**の1行

$$\nabla \times \boldsymbol{E}(\boldsymbol{r}, t) = -\frac{\partial}{\partial t}\boldsymbol{B}(\boldsymbol{r}, t) \tag{299}$$

なのだ（こちらも「ファラデーの法則」と呼ばれることがある）。ひと山越えた....気分になるだろうか？

ファラデーの法則は，回路全体をグルリと回った時の起電力 $V(t)$ を与えるものなのだけど，式（299）のマクスウェル方程式（の一部）は，ベクトル場である電場と磁場が「空間のあらゆる場所で」直接関係していることを示している。こんな風に，何でもかんでも『場』にしてしまって，その間の関係を考えるのが，近代・現代物理学の特徴だ。

都会の夜は，ネオンなどの電飾（でんしょく）に満ちあふれていて，とても明るい。きらめく夜の街を歩いていると，急に腕をつかまれて「ハイお兄さん○○円ポッキリ」などと**電痴誘導**される。特に金曜日（フライデー）は要注意。これも発電機が電磁誘導を使ってセッセと電気を造り出してくれるからだと思うと，ファラデーさんに足を向けて寝ることはできない。また，ファラデーの法則と，それに引き続いて「発見」されたマクスウェル方程式は

人類を現代に導いた世界史上の大発見

と言っても過言ではないだろう[68]。もっとも，世界史の教科書に科学者が登場することは稀だ....

◆◆死ぬかと思った◆◆

起電力の公式（式（294））を，もう一度眺めよう。閉じたコース C に沿って，2 回巻いたコース C′ = C+C の起電力は，C′に沿っての線積分が C に沿っての積分の 2 倍になる（式（267））ことから，ちょうど $2V(t)$

[68] 近代国家の特徴として「人口増加率の減少」が，貨幣経済の発達に並んで挙げられる。なんでも，電気がやって来ると「夜が楽しい娯楽時間になる」のが，その理由だとか。それ以前は日没になったら，何に励んでたのだろうか？？

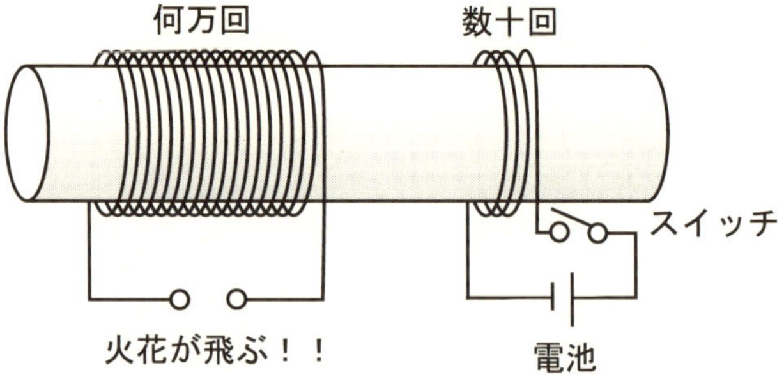

となる。コイルのようにグルグルと N 回巻くと，その起電力は $NV(t)$ となり，それは巻き数 N に比例して増加して行く。

$V(t)$ はまた，磁束 $\Phi(t)$ の時間変化に比例していたから，素早く $\Phi(t)$ を変化させると，より高い電圧が得られる。この二つの性質を使うと，向かい合う二つのコイル――片方は何千回も巻いたもの，もう片方は数十回だけ巻いたもの――を用意しておいて，巻きの緩い方に乾電池を瞬時に接続するだけで，数千ボルトに達する電圧を容易に得ることが可能だ。入り口が電池だからといって，つい油断して出力側に触れたりするとエラい目に遇う。雷のような放電（スパーク）が飛んで来て，バシッと感電するのだ。私もバットで殴られたような感触に「アッ」と感づいたら，既に腕が壁に向かってテレポートしていた。もう少し電圧が高かったら，そのまま『**天使**（てんし）**誘導**』される所だった（ちょっと大袈裟か？）。生きてて良かった。

第 10 章

球座標の絶技

一女将さん，じゃなくて庵主でもある料理長が，濃い緑色のお茶を運んで来た。

庵主「どないでしたか？　もうお気付きのとおり，今日のテーマは『瀬戸内のアシエット懐石（寄せ集め）』です」

西野「今日も驚きの連続でしたよ。お茶で締めくくりなんですね」

庵主「先々週はギリシアの強烈なコーヒー，先週がスペインのカフェ・コルタードでしたからね，少し趣向を変えないと。それに，海産物をタップリ食べたら辛口の白ワインか濃いお茶でしょう，....食アタリは恐いですから....」

学生「あら可愛い〜，小さなサザエの形してる，この砂糖！」

西野「凝ってますね〜。濃い緑茶に砂糖を添えたりして『通（つう）ぶらない』ところがイケてますね。....あっ，通（つう）は客に使う言葉だった....」

庵主「懐石料理とは言っても，初めていらっしゃった方にイキナリ作法通りという訳には行きませんからね。何ちゅ〜か，『ゼロから学ぶ懐石料理』もドンドン出して行かないと，商売にはなりまへん」

学生「大学の先生って，そこの所がわかってないのよね〜....難しい講義を毎年のようにくり返して....落ちない人がいること自体，不思議なんだから....」

西野「いや，その....次の学年で習う内容が，だいたい決まってるから，ちょっとヤバイかな〜と思いつつも，決まった所まで進むしかないんだ....」

庵主「それでエエんです，そのお陰で西野はんの『特別補講』を毎週ここで開いていただけるんですから」

学生「来週も，こんな美味しいものに巡り合えるのなら，毎週参加しちゃいますよ〜?!　....セクハラはイヤだけど....」
西野「そんなに駄洒落のレパートリーは多くないから，困ったな〜」
庵主「私が味でカバーしますよ。御心配なく。ま，ごゆっくりどうぞ」
―と奥へ戻る庵主様。さすがは懐石のプロ，客をフォローする気配りが有り難いのだ。
西野「いろいろと話したけど，そろそろマトメてみようか。題して『ベクトル懐石屏風絵巻・瀬戸の懸け橋』じゃ！」

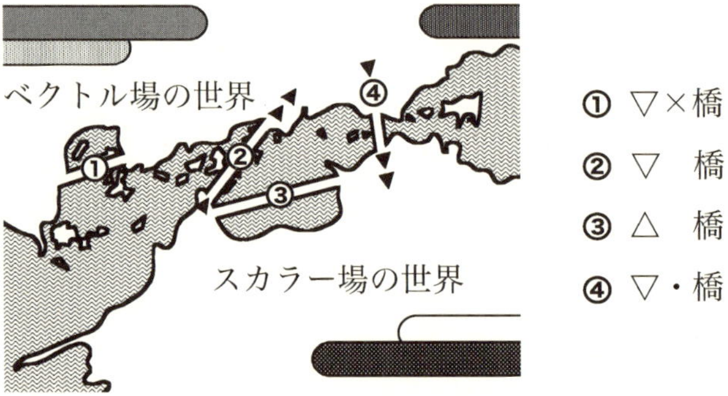

学生「流れってウネウネの曲線で表すんですね」
西野「何となく『川の流れのよ〜に〜』って感じでしょ?!」
学生「川じゃなくて潮の流れでしょ？　瀬戸内なんだから。それにしても，その『川の流れのように』って前世紀の流行歌みたいですね。古くさ〜い！」
西野「ベクトル解析は前々世紀じゃ，それに比べれば古くはないゾ!!　川のウネウネ，とてもエレガントな曲線美があって，ヨイではないか」
学生「ソレは西野さんの定番オヤジギャグの枕でしょ，す〜ぐ脚線美とか言い出すんですから」
―ちょっと，話の振り方がマズかったようだ。曲線と瀬戸内を結ぶならば，瀬戸大橋・明石海峡大橋・鳴門大橋など，吊り橋のエレガントな曲線美を持ち出せば良いのだ[69]。

[69] 橋の曲線美にエクスタシーを感じるようなら，貴方は既に建築家の才能があって，かつ相当ハマっていると思う。物理を「道具の一つ」に使う，建築の道を歩むことをお勧めする。

振り返ってみると，円柱といい，球といい，ベクトル解析に曲線は付き物であった。もっと効率良く曲線と付き合う方法は無いものだろうか？

◇◇数式で表す曲線◇◇

小学校に入ると，まずは定規を使って直線を引くことから学習を始める。それに飽き足らなくなると，コンパスを使って円を書く。生まれて初めて「学校で習う」曲線が円だ。やがて高校に入ると，XY 平面上——つまり 2 次元平面上——の半径 R の円を

$$\boldsymbol{r}(\theta) = \begin{pmatrix} x \\ y \\ z \end{pmatrix} = \begin{pmatrix} R\cos\theta \\ R\sin\theta \\ 0 \end{pmatrix} \tag{300}$$

という風に，0 から 2π まで変化するパラメター θ を使って表すようになる。x と y と z の三つの数を，一つの変数 θ で表すのがミソ。特に便利なのが θ で指定される円上の点から，$\theta+\Delta\theta$ に対応する点への微小な移動が

$$\Delta\boldsymbol{r} = \boldsymbol{r}(\theta+\Delta\theta)-\boldsymbol{r}(\theta) \fallingdotseq \frac{\mathrm{d}\boldsymbol{r}(\theta)}{\mathrm{d}\theta}\Delta\theta = \begin{pmatrix} -R\sin\theta \\ R\cos\theta \\ 0 \end{pmatrix}\Delta\theta \tag{301}$$

と単に $\boldsymbol{r}(\theta)$ の θ に対する微分で表せてしまうことだ。例えば $\Delta\theta$ を充分小さく取る極限（$\Delta\theta\to\mathrm{d}\theta$）で，円周の長さ L は簡単に求められて

円周の長さ

$$L = \int_0^{2\pi} |\mathrm{d}\boldsymbol{r}(\theta)| = \int_0^{2\pi} \left|\frac{\mathrm{d}\boldsymbol{r}(\theta)}{\mathrm{d}\theta}\right| \mathrm{d}\theta = \int_0^{2\pi} \sqrt{R^2\sin^2\theta + R^2\cos^2\theta}\,\mathrm{d}\theta = 2\pi R \tag{302}$$

（当たり前のことだけど）中学校で習った（？）公式通りになる。ちょっとクドいけど，最後の式変型では恒等式 $\sin^2\theta+\cos^2\theta = 1$ を使った。

ところで，小学校に入学して，生まれて初めてコンパスを握ったら，まず何をするかというと，円をノートに描いたり，円周の長さを計るような平和な勉強ではなくて，「**互いの背中をチクチクし合うドロ試合**」がまっ

先に始まったと記憶している。先生が「突っ突き合いをしてはイケマセン」と注意すればする程，教室の中で「突っ突く快感」が増幅されて行き「流血のコンパス教室」と化すのであった。こうして痛い思いをする度に，人の痛みを理解するようになり，刃物や飛び道具を使うような凶悪犯には走らなくなる——はずがないか?! あ，延々(エンエン)と円の議論をしている場合じゃなかった[70]。

円に限らず，曲線の形が最初から数式（つまり関数）で表されていると，苦労せずに「曲線に関係した量」を数式に乗せることができる。質点の運動を考える場合に，質点の位置を時刻 t の関数として

$$\boldsymbol{r}(t)=\begin{pmatrix} x(t) \\ y(t) \\ z(t) \end{pmatrix} \tag{303}$$

と与えていたけれども，これは $\boldsymbol{r}(t)$ の成分 $x(t)$，$y(t)$，$z(t)$ を一つの変数 t の関数として同時に与えることによって，曲線を表現しているのだ（こういう表現を「曲線のパラメター表示」などと呼ぶ）。円周の長さを求めたように，時刻 t_0 から t_1 までの間に質点が通った曲線（＝経路またはコース）の長さ L を求めてみると，次のようになる。

一般の曲線の長さ

$$L=\int_{t_0}^{t_1}\left|\frac{\mathrm{d}\boldsymbol{r}(t)}{\mathrm{d}t}\right|\mathrm{d}t=\int_{t_0}^{t_1}\sqrt{\left(\frac{\mathrm{d}x(t)}{\mathrm{d}t}\right)^2+\left(\frac{\mathrm{d}y(t)}{\mathrm{d}t}\right)^2+\left(\frac{\mathrm{d}z(t)}{\mathrm{d}t}\right)^2}\,\mathrm{d}t \tag{304}$$

ちょっとだけ「オタクの道」に入ろう。t をさらに別の変数 u の関数として $t(u)$ と書いて，上の式に代入してみる。

$$\begin{aligned}&\int_{u_0}^{u_1}\sqrt{\left(\frac{\mathrm{d}x(t(u))}{\mathrm{d}u}\frac{\mathrm{d}u}{\mathrm{d}t}\right)^2+\left(\frac{\mathrm{d}y(t(u))}{\mathrm{d}u}\frac{\mathrm{d}u}{\mathrm{d}t}\right)^2+\left(\frac{\mathrm{d}z(t(u))}{\mathrm{d}u}\frac{\mathrm{d}u}{\mathrm{d}t}\right)^2}\,\frac{\mathrm{d}t(u)}{\mathrm{d}u}\mathrm{d}u\\&=\int_{u_0}^{u_1}\sqrt{\left(\frac{\mathrm{d}x(u)}{\mathrm{d}u}\right)^2+\left(\frac{\mathrm{d}y(u)}{\mathrm{d}u}\right)^2+\left(\frac{\mathrm{d}z(u)}{\mathrm{d}u}\right)^2}\,\mathrm{d}u\end{aligned} \tag{305}$$

変数が t だろうと u だろうと曲線の長さを表す式は「同じような形」に

[70] そういえば，生まれて初めて使うお金も，日本人ならば「円(YEN)」だ。その名前の由来には諸説あるのだけど，どの説を取っても結局は「丸いから円と呼ぶ」という所に行き着くらしい。

なる。但し，$t_0 = t(u_0)$ および $t_1 = t(u_1)$ が成立するとした。また，$x(t(u))$ は，途中に t を介していることを省略して $x(u)$ と書いてある。変数 t を $t(u)$ と，別の変数 u によって表すことを「t から u への変数変換」と呼ぶけれども，変数変換する前と後で，式の形が（t が u に置き換わっている点を除けば）全く同じなので，よく

曲線の長さを表す式は，変数変換に対して不変である

といわれる。どう変数変換しようと，同じ曲線の長さが変わるはずがないので，コレはとても当たり前なことだ。

循環のような線積分はどうだろうか？　というと，曲線が数式で表されていれば，曲線の長さと同じように簡単な形の積分で表せる。時刻 t_0 に $\boldsymbol{r}(t_0)$ を出発して，時刻 t_1 に出発点 $\boldsymbol{r}(t_1) = \boldsymbol{r}(t_0)$ に戻って来るような道筋Cに沿って，ベクトル場 $\boldsymbol{F}(\boldsymbol{r})$ の循環を計算すると，それは

$$\int_{\mathrm{C}} \boldsymbol{F}(\boldsymbol{r})\cdot \mathrm{d}\boldsymbol{r} = \int_{t_0}^{t_1} \boldsymbol{F}(\boldsymbol{r})\cdot \frac{\mathrm{d}\boldsymbol{r}(t)}{\mathrm{d}t}\,\mathrm{d}t = \int_{t_0}^{t_1} \boldsymbol{F}(\boldsymbol{r})\cdot \boldsymbol{v}(t)\,\mathrm{d}t \qquad (306)$$

となるのだ。何のことはない，高校で習う「積分変数の変数変換」をチョロリと拡張して使ったにすぎない。実は循環も，曲線の長さと同じように変数変換に対して不変であることを簡単に確かめられる。これって何故か？　というと，そもそも曲線の長さや循環というものは，曲線の形を与えれば決定されてしまう量で，その曲線を「どんな速度でたどるか」には関係しないからなのだ。

◆◆ランダウを恨んだ◆◆

物理・工学系の学科に入学すると，力学を習った後で「これぞ大学で習う難しい（?）学問」として「解析力学」という科目に無理矢理突っ込まれるのだ。講義に出てみると，「ラグランジアン」だとか「ハミルトニアン」といった訳のわからないモノに対する線積分が「一般座標変換に対して不変です」と何度も教え込まれる。これをクリアすると，貴方も立派な物理オタク。講義が理解できないな〜と思った時には，「ゼロから学ぶ懐

石力学」じゃないのだけど「**ハジメニらぐらんじあんアリキ**」と聖書のようなフレーズで始まる有り難い本がある。8章にチョロリと出て来たランダウによる「ランダウ物理学教程」の第一巻「力学」がソレ。1行目からオタクの道に走っているという噂もチラホラ。

「ランダウ物理学教程」全10巻読破したら免許皆伝。第1巻「力学」で沈没してしまったら、. . . . 一巻の終わり. . . .

Landau 再登場!

ついでに，私が学生だった頃に起こったこと。夏休みに故郷に帰省する新幹線の中で，ランダウの「力学」を開いていたら，隣に座っていた頭ボサボサのオッチャンが，突然「ランダウの力学ですか～」とつぶやいてニヤニヤしてから，次の駅で下車して行った。あのオッチャンは，誰だったのだろうか. . . . 物理人にはありがちな行動だ。

懐石 a la 問答

一遠くを走る電車の音が聞こえ，月明かりが庭を照らす頃，宴(うたげ)は終わる。さりげなく，女将さんが手提げ袋を持って来た。

女将「今日も御利用ありがとうございました。粗末なものですが，どうぞお持ち帰り下さい」

学生「粗末には見えない豪華なお土産ですね」

西野「恒例の『お家(うち)で(de)懐石セット』だよ。重宝するよ～，晩酌(ばんしゃく)の友・珍味詰め合わせ。噛(か)めば噛(か)むほど味が出る」

学生「カラオケの友!!」

西野「オイオイっ，カラオケ Box に『持ち込み』は禁じ手だよ～」

学生「どこに持ち込むんですか〜？　友達の家でカラオケなんですよ〜？」

西野「....あっそ〜....じゃあ普段から，友達の家で歌って飲んで，そのまま沈没するのネ」

学生「沈没するから面白いんです。今日はいいお土産もあるし〜...」

西野「学期末の最後の講義でお土産（レポート問題）をい〜っぱい出すと，み〜んな沈没しちょる。模範解答（？）を生協で仲良くコピーするのが通例」

女将「西野さんも，昔はよく沈没したんですよ〜。週末に『少女マンガ』を仕入れに行っては，何千冊も下宿に溜め込んで読み返してたんですから」

西野「宿題なんか忘却の彼方（かなた）。就職する時に泣く泣く売り払ったら，陸奥（みちのく）は仙台への引っ越し代金をラクラク捻出できた」

学生「あれっ，女将さんと何だか，妙に親しくないですか〜，西野さん？」

西野「わかる〜？　実は同級生なんだ，女将さんと。昔のことは暴露されるとマズいな〜，....あんなことやこんなことがあったから....」

学生「怪しい〜っ。何があったんでしょ〜ね〜？」

女将「さ〜何でしょうね。西野さんは多趣味だから，仕事に行き詰まったら趣味に沈没するんですよ」

西野「あ〜い〜う〜え〜お，それは秘密。さ，そろそろお開きにしようか？」

学生「ヒントくらい下さいよ〜」

女将「時代がバブルな頃でしたから，ボディコン（....死語....）と紫の口紅（パープル リップ）には弱いんですよ。眺めるのは密（秘書）やかなアワビの片想い....アワビですって，ふふっ」

西野「うぉ〜っとっと，トキメモ[71]はやめようネ。さあ，帰ろうか。後は友達ン家（ち）で，盛り上がってネ」

—恥ずかしい経験も，時が経てばお喋りのネタになるものだ。思い起こしてみると，恥ずかしながら，物理や数学の教科書や参考書を最後まで，余すことなく読んだ経験って殆（ほとん）ど無い。大抵は途中で沈没する。そうして「お蔵入り」した本を，随分と年月が経ってから眺めてみると，昔は読まなかった部分を既に理解していたりもする。そう，ちょうど真ん中くらいまで読んで沈没するくら

[71] 知らない人はいない（？）と思うけど，有名なテレビゲームの名前。まだやったことの無い人は試してみよう，オヂサンでもハマること間違いナシ。....「むかし取った杵柄（きねづか）」なんて言って，援助交際しちゃダメですよ....

いの本が，一番勉強の助けになるのだ。最後まで読み通せる理科系の本は，読む人にとっては少し簡単すぎるかもしれない....と言い訳した後で，ちょっとばかし「お土産」を並べてみよう。沈没したら，とりあえず次の「◆◆おしぼりタイム◆◆」に進んでヨイ(酔い)ヨイ(酔い)。

◇◇数式で表す曲面◇◇

曲線を $\boldsymbol{r}(t)$ と書いて t の「ベクトル関数」で与えたように，曲面もベクトル関数で表すことができる。但し，今度は曲面上の点を $\boldsymbol{r}(s,t)$ のように，二つの変数 s と t についての関数として表すのだ。

曲面のパラメター表示
$$\boldsymbol{r}(s,t)=\begin{pmatrix} x(s,t) \\ y(s,t) \\ z(s,t) \end{pmatrix} \tag{307}$$

ここに出て来る s や t は「媒介変数」と呼ばれる (....何だか病気を広めそうな名前だ)。例えば，原点を中心とする半径 R の球の表面は，角度を表す二つの変数 θ, ϕ を使って次のように表せる。

$$\boldsymbol{r}(\theta,\phi)=\begin{pmatrix} x(\theta,\phi) \\ y(\theta,\phi) \\ z(\theta,\phi) \end{pmatrix}=\begin{pmatrix} R\sin\theta\cos\phi \\ R\sin\theta\sin\phi \\ R\cos\theta \end{pmatrix} \tag{308}$$

この例の場合，θ を固定して ϕ を 0 から 2π まで動かすと「緯度」の等しい線が，ϕ を固定して θ を 0 から π まで動かすと「経度」の等しい線が描ける。これらの曲線を使うと，図のように球面を「曲線の網目」で覆うことができる。平面を（グラフ用紙のように）タテとヨコの線で網目に分割するのと同じように，曲面を交差する曲線の網目で覆い尽くすので，式(307) のように二つの変数によって曲面上の位置を決める方法を「曲線座標」とも呼ぶ。

曲線の長さを求めたように，$\boldsymbol{r}\,(s,t)$ で表された曲面の面積を求めることは容易(たやす)い。$\boldsymbol{r}(s,t)$ から $\boldsymbol{r}(s+\Delta s,t)$ までの移動量が

$$\Delta_s \boldsymbol{r}(s,t) \equiv \boldsymbol{r}(s+\Delta s,t)-\boldsymbol{r}(s,t) \doteqdot \frac{\partial \boldsymbol{r}(s,t)}{\partial s}\Delta s \tag{309}$$

で，同様に $\boldsymbol{r}(s,t)$ から $\boldsymbol{r}(s,t+\Delta t)$ への移動量が

$$\Delta_t \boldsymbol{r}(s,t) \equiv \boldsymbol{r}(s,t+\Delta t)-\boldsymbol{r}(s,t) \doteqdot \frac{\partial \boldsymbol{r}(s,t)}{\partial t}\Delta t \tag{310}$$

だから，$\Delta_s \boldsymbol{r}(s,t)$ と $\Delta_t \boldsymbol{r}(s,t)$ によって囲まれる小さな平行四辺形[72]に対応した面積素片（面素）は次のように表せる。

$$\Delta \boldsymbol{S} = \Delta_s \boldsymbol{r}(s,t)\times\Delta_t \boldsymbol{r}(s,t) = \left(\frac{\partial \boldsymbol{r}(s,t)}{\partial s}\times\frac{\partial \boldsymbol{r}(s,t)}{\partial t}\right)\Delta s\Delta t \tag{311}$$

$\Delta \boldsymbol{S}$ の絶対値は，小さな平行四辺形の面積だったから，曲面の領域 S 内部での面積は

曲面の面積

$$S = \int_{\mathrm{S}}\left|\frac{\partial \boldsymbol{r}(s,t)}{\partial s}\times\frac{\partial \boldsymbol{r}(s,t)}{\partial t}\right|\mathrm{d}s\,\mathrm{d}t \tag{312}$$

と簡単に数式で表せてしまう。但し，変数 s や t は $\boldsymbol{r}(s,t)$ が領域 S を出ない範囲で積分を実行する。また，面積素片 $\Delta \boldsymbol{S}$ を使うと，ベクトル場 $\boldsymbol{F}(\boldsymbol{r})$ に対しての面積分も機械的に

***F* の面積分**

$$\int_{\mathrm{S}}\boldsymbol{F}(\boldsymbol{r}(s,t))\cdot\left(\frac{\partial \boldsymbol{r}(s,t)}{\partial s}\times\frac{\partial \boldsymbol{r}(s,t)}{\partial t}\right)\mathrm{d}s\,\mathrm{d}t \tag{313}$$

と書き表せるのだ。領域 S が閉じた曲面で，$\dfrac{\partial \boldsymbol{r}(s,t)}{\partial s}\times\dfrac{\partial \boldsymbol{r}(s,t)}{\partial t}$ が常に

[72] 面素は，Δt や Δs を充分小さく取っておくと，ほぼ平行四辺形になる。

「囲われた領域」の外側を向くような場合，上の面積分は「囲われた領域からの発散」となっている。

球面に応用 半径 R の球の場合について，いまの計算を具体的に行ってみよう。まず，θ と ϕ の微小変化に対するベクトルの変化を調べてみると次のようになる。

$$\Delta_\theta \boldsymbol{r}(\theta, \phi) = \begin{pmatrix} R\cos\theta\cos\phi \\ R\cos\theta\sin\phi \\ -R\sin\theta \end{pmatrix}\Delta\theta$$

$$\Delta_\phi \boldsymbol{r}(\theta, \phi) = \begin{pmatrix} -R\sin\theta\sin\phi \\ R\sin\theta\cos\phi \\ 0 \end{pmatrix}\Delta\phi \tag{314}$$

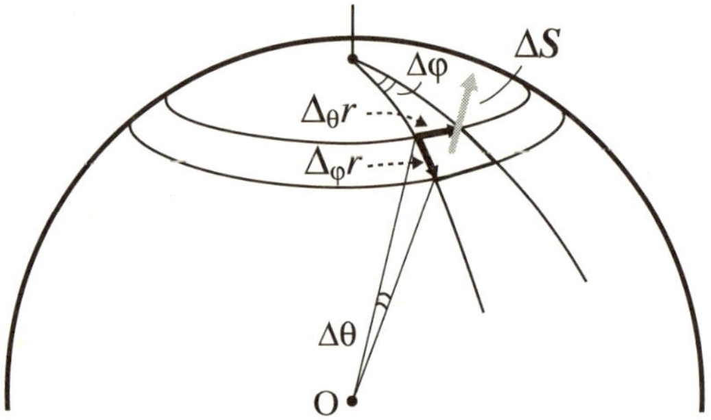

これを使って，面素 $\Delta \boldsymbol{S} = \Delta_\theta \boldsymbol{r} \times \Delta_\phi \boldsymbol{r}$ を求めると

$$\begin{aligned}\Delta \boldsymbol{S} &= \begin{pmatrix} R\cos\theta\cos\phi \\ R\cos\theta\sin\phi \\ -R\sin\theta \end{pmatrix} \times \begin{pmatrix} -R\sin\theta\sin\phi \\ R\sin\theta\cos\phi \\ 0 \end{pmatrix}\Delta\theta\Delta\phi \\ &= \begin{pmatrix} R^2\sin^2\theta\cos\phi \\ R^2\sin^2\theta\sin\phi \\ R^2\sin\theta\cos\theta \end{pmatrix}\Delta\theta\Delta\phi \qquad (315) \\ &= R\sin\theta\begin{pmatrix} R\sin\theta\cos\phi \\ R\sin\theta\sin\phi \\ R\cos\theta \end{pmatrix}\Delta\theta\Delta\phi = R\sin\theta\,\boldsymbol{r}(\theta, \phi)\Delta\theta\Delta\phi\end{aligned}$$

となる（式（165）に一致していることを確認してネ）。コレを使って，球面の面積 S を求めてみると，球面上で $|\boldsymbol{r}| = R$ だから

$$S = \int_0^{\pi}\int_0^{2\pi} |\mathrm{d}\boldsymbol{S}(\theta, \phi)|\, \mathrm{d}\theta \mathrm{d}\phi = \int_0^{\pi}\int_0^{2\pi} R^2 \sin\theta \mathrm{d}\theta \mathrm{d}\phi = 4\pi R^2 \quad (316)$$

と何の苦労もなく，一発で球面の面積が求まってしまう。6 章の苦労は何だったのだろうか....何てエレガントなのだろうか，曲線座標は。

◆◆おしぼりタイム◆◆

曲面の上に「曲線座標」の網目をかぶせることによって，曲面の性質を調べた人々が 19 世紀の末から 20 世紀の初めにいた。その中でも，特に有名なのが Riemann（リーマン）で，後に「リーマン幾何学」と呼ばれる数学の一分野を切り開いた。その少し後で，Einstein（アインシュタイン）が「一般相対性理論」を打ち立てる為にリーマン幾何学を「ヒョイと拾って使った」ことで，理論物理屋さん（別名理論オタク）達が続々と「幾何学」に手を染めることとなった。

その後は？　というと，物理学では「ゲージ理論」，数学では「ファイバー束」と呼ばれる，理論へと発展して，今日でもその流れはとどまる所を知らない。よく話題になる「超弦（スーパーストリング）理論」も，大きく見るとこの流れに乗っている。

笑う時には
「リーマン面の笑顔」
を浮かべたという
伝説が残っている
.... んなわけないだろ～!!

Riemann（1826～1866）

ところで，曲線座標（やリーマン幾何学）は，意外と身近な存在だ。船や車のボディーのような曲面を設計する時には，CAD（キャド）というコンピューター・ソフトを使うのだけど，それを下支えしているのは正（まさ）に曲線座標

だ。もっと御厄介になっているのがTVゲームの立体的なキャラクター達。そのリアリスティックな動きと，艶(つや)やかな表面の輝きは「コンピューター・グラフィックス」と呼ばれる技術の集積だけど，曲線座標はそれをシブ〜くサポートしている。

ついでに，いや，ぶっちゃけた話，コレが一番興味のある所なのだけど，若い女性のみならず体型の崩れ始めた（?）女性にも欠かせない「ランジェリー」が，ピッタリと肌を曲線的に包み込んで「理想の体型」を作り上げているのも，実は布の縦糸と横糸を「曲線座標に見立てて」裁断と縫製を決めているからだとか。悲しいかな，そのサポート抜きで理想の体型を保てる人は非常に少ない。エレガンス，一枚めくればエレファント……

◇◇曲線使って体積分◇◇

線積分，面積分と来たら，次は体積分だ。円柱座標や球座標は，3次元空間の中に「曲線座標」を持ち込んだものだと解釈できる。くり返し出て来た球座標は

$$\boldsymbol{r}(r,\theta,\phi)=\begin{pmatrix}x(\theta,\phi)\\ y(\theta,\phi)\\ z(\theta,\phi)\end{pmatrix}=\begin{pmatrix}r\sin\theta\cos\phi\\ r\sin\theta\sin\phi\\ r\cos\theta\end{pmatrix}\tag{317}$$

と三つの変数 r，θ，ϕ によって，球の内部の点の位置を指定する。パラメターを少し変化させたときの $\boldsymbol{r}$ の変化のうち，$\Delta_\theta\boldsymbol{r}$ と $\Delta_\phi\boldsymbol{r}$ は式 (309) と式 (310) で既に与えてあるので，使用目的はともかくとして $\Delta_r\boldsymbol{r}$ を求めておこう。

$$\Delta_r\boldsymbol{r}(r,\theta,\phi)=\begin{pmatrix}\sin\theta\cos\phi\\ \sin\theta\sin\phi\\ \cos\theta\end{pmatrix}\Delta r=\frac{1}{r}\boldsymbol{r}(r,\theta,\phi)\Delta r\tag{318}$$

こうして求めた $\Delta_\theta\boldsymbol{r}$，$\Delta_\phi\boldsymbol{r}$，$\Delta_r\boldsymbol{r}$ の3本のベクトルを辺に持つ「平行6面体」の体積って，どう表されるだろうか？　さあ，家に帰ってから，考えてみよう。宿題は宿題らしく，先に答えを与えてしまうと，ソレは次のよ

うに書ける。

体積素片　$\Delta V = |(\Delta_\theta \boldsymbol{r} \times \Delta_\phi \boldsymbol{r}) \cdot \Delta_r \boldsymbol{r}|$　(319)

そのヒントは？　というと，内積や外積の幾何学的な意味の中に埋もれている。これは大切なポイントなので，ちょっと整理してみよう。

■■ドロナワ演習・3重積■■

三つのベクトル

$$\boldsymbol{A} = \begin{pmatrix} a_X \\ a_Y \\ a_Z \end{pmatrix} \quad \boldsymbol{B} = \begin{pmatrix} b_X \\ b_Y \\ b_Z \end{pmatrix} \quad \boldsymbol{C} = \begin{pmatrix} c_X \\ c_Y \\ c_Z \end{pmatrix} \tag{320}$$

について，内積と外積を組み合わせたもの $(\boldsymbol{A} \times \boldsymbol{B}) \cdot \boldsymbol{C}$ は「ベクトルの 3 重積」と呼ばれている。それぞれのベクトルの要素を使って，地道に 3 重積を計算すると，次の行列式に等しくなることが確かめられる[73]。

ベクトルの 3 重積 $(\boldsymbol{A} \times \boldsymbol{B}) \cdot \boldsymbol{C}$

$$\begin{vmatrix} a_X & a_Y & a_Z \\ b_X & b_Y & b_Z \\ c_X & c_Y & c_Z \end{vmatrix} = a_X b_Y c_Z + b_X c_Y a_Z + c_X a_Y b_Z - c_X b_Y a_Z - b_X a_Y c_Z - a_X c_Y b_Z \tag{321}$$

この絶対値 $|(\boldsymbol{A} \times \boldsymbol{B}) \cdot \boldsymbol{C}|$ は，$\boldsymbol{A}$，$\boldsymbol{B}$，$\boldsymbol{C}$ をそれぞれ一辺とする平行 6 面体の体積に等しい。それは何故か？　というと，まずベクトル $\boldsymbol{A} \times \boldsymbol{B}$ は，その大きさ $|\boldsymbol{A} \times \boldsymbol{B}|$ が $\boldsymbol{A}$ と $\boldsymbol{B}$ を辺に持つ平行四辺形の面積 $|\boldsymbol{A}||\boldsymbol{B}| \sin\theta$（但し θ は $\boldsymbol{A}$ と $\boldsymbol{B}$ のなす角）に等しく，$\boldsymbol{A} \times \boldsymbol{B}$ はその平行四辺形に垂直な方向を向いている。次に，$|(\boldsymbol{A} \times \boldsymbol{B}) \cdot \boldsymbol{C}|$ を分けて書くと $|(\boldsymbol{A} \times \boldsymbol{B})||\boldsymbol{C}| \cos\beta$（但し β は，平行四辺形の垂線と $\boldsymbol{C}$ のなす角）なので，結局のところ $(\boldsymbol{A} \times \boldsymbol{B}) \cdot \boldsymbol{C}$ は，ちょうど「底面の面積×底面からの高さ」になっているのだ。なお，$(\boldsymbol{A} \times \boldsymbol{B}) \cdot \boldsymbol{B} = 0$ が成立していることは，$\beta = \pi/2$

---

[73]「○○が確かめられる」と本に書いてあったら，ソレは「お土産にするから確かめてみてネ」というサインだ。ところで，行列式の計算には「チカン」が出て来る。くれぐれも電車の中で「チカン群」などについて議論しないように。

から明らかだ。

[ドロナワ演習・おしまい]

体積素片 ΔV を，式（319）によって球座標から直接求めることができた。これは有り難いことで，体積素片を小さくとる極限 $\Delta V \to \mathrm{d}V$ を考えることによって，半径 R の球の体積を

球の体積
$$\int_{\mathrm{V}} \mathrm{d}V = \int_0^R \int_0^{2\pi} \int_0^{\pi} \left(\frac{\partial \boldsymbol{r}}{\partial \theta} \times \frac{\partial \boldsymbol{r}}{\partial \phi} \right) \cdot \frac{\partial \boldsymbol{r}}{\partial r} \, \mathrm{d}\theta \, \mathrm{d}\phi \, \mathrm{d}r \tag{322}$$

と何も考えずに数式に乗せることができる。

ここで $\Delta \boldsymbol{S} = r \sin\theta \, \boldsymbol{r}(\theta, \phi) \Delta\theta \Delta\phi$（式（315））を思い出すと，上の積分は

$$\int_0^R \int_0^{2\pi} \int_0^{\pi} r \sin\theta \, \boldsymbol{r}(\theta, \phi) \cdot \frac{1}{r} \boldsymbol{r}(r, \theta, \phi) \mathrm{d}\theta \, \mathrm{d}\phi \, \mathrm{d}r$$
$$= \int_0^R \int_0^{2\pi} \int_0^{\pi} r^2 \sin\theta \, \mathrm{d}\theta \, \mathrm{d}\phi \, \mathrm{d}r = \frac{4\pi}{3} R^3 \tag{323}$$

となって，高校で（？）習う球の体積に一致している。球の内部で，適当なスカラー関数 g（r, θ, ϕ）の体積分を求めるのも一発で，

$$\int_0^R \int_0^{2\pi} \int_0^{\pi} g(r, \theta, \phi) \left(\frac{\partial \boldsymbol{r}}{\partial \theta} \times \frac{\partial \boldsymbol{r}}{\partial \phi} \right) \cdot \frac{\partial \boldsymbol{r}}{\partial r} \, \mathrm{d}\theta \, \mathrm{d}\phi \, \mathrm{d}r$$
$$= \int_0^R \int_0^{2\pi} \int_0^{\pi} g(r, \theta, \phi) \, r^2 \sin\theta \, \mathrm{d}\theta \, \mathrm{d}\phi \, \mathrm{d}r \tag{324}$$

いちいち「微小な領域の形と体積素片」に気を配らなくても，自動的に「閉じた領域の体積分」を求められるのが，曲線座標の威力だ。

◆◆○接会でモメたらしい話◆◆

曲線（1 次元），曲面（2 次元）と，段々と次元を上げて議論して来た。このまま次元を上げて行くことは簡単で「（曲がった）N 次元の空間」を数学的に扱うことができる。じゃあ，その「（曲がった）空間」の中にベクトル場やスカラー場に相当するものが存在するのか？　と考えるのは自

然なことで，実際に何次元でも「スカラー場」や「ベクトル場」を拡張して考えることが可能だ。それならば，ベクトル場の発散やローテーション(rotation)は？　と誰しも疑問に思うだろう。発散の方は，意外と簡単で，式（97）の項の数をN次元ならばN個に増やすだけで良い。ローテーション(rotation)はどうだろうか？　実は「外積代数」という，少し難儀な数学があって，ローテーション(rotation)をより高い次元にまで拡張することができる。コレをうまく使うと，4行に分かれているマクスウェル方程式を一つの式にまとめることも可能だ。教育者にとって，コレはとても魅力的だ。講義ノートが1/4に減るのだから。1行書くだけで1学期の講義の全てを終えるとも言えるか。しかしかながら，外積代数を簡単に教える方法が確立していないので，この『楽チンなマクスウェル方程式入門』を教育現場で使うには至っていない。

....いや，風の噂によると，過去に試した教官が某大学にいて，学生が全員不合格になった結果「教○会でモメた」という噂を聞いたことがある。その後，教官は反省して「追試験を実施する」ことに決定したらしいのだけど，学生達は一致結束して追試験を欠席したそうだ。エライ！

積み残し　さて，ベクトル解析の最後っ屁(ピ)は，グリーン(Green)の定理だ。ちょっと可愛く「みどりちゃん(Green)の定理」とも呼ばれている（信じないように）。さあ，これから説明しようか。その前に，まず濃い緑茶を飲み干して....あ～グリーンな苦さが心地良い....あ，気が付くと紙面が尽きてしまってた。これより先は「**1から学ぶベクトル解析**」に任せることにしよう[74]。

[74] 1から始めるには，「ベクトル解析」（H.P.スウ著・高野一夫訳，森北出版）を推薦しておく。但し，筋肉モリモリな教科書なので全部読むのは大変かもしれない。くり返すけど，途中で沈没するくらいの本が，自分のレベルにピッタリであることをお忘れなく。

第 11 章

別れの時

―庵を後にして，電車の駅へ向かって坂道を下る西野と学生であった。

西野「いや〜食った食った，ベクトル懐石な一夜だった」

学生「え？　夜はこれからですよ〜?!　あ，メールが届いた」

―と，目にも止まらぬ早さで携帯(ケータイ)を取り出す。

学生「サークルのO(オー)君から，今日もカラオケに誘われちゃった。今日に限って，カラオケ Box で歌うんですって。センセ〜も行きましょ〜?!」

西野「うっ，もう体力の限界。若いモン同士で楽しむベシ」

―本当の所は，もう資金が発散して底を突いてるのであった。

西野「ところで，ベクトル解析は，少しわかるようになったかな？」

学生「....あんまり理解してないんです，ゴメンナサイ」

西野「.....ま，そんな所かもしれないね。結局は，何かの為にベクトル解析が必要になるまでは，幾ら勉強しても忘れてしまう物なんだ」

―おお，何とも実感がこもったコメントではないか！

学生「そんな状態で，ベクトル解析の講義なんてできるんですか〜？」

西野「冷や汗タラ〜リ，だから午後はず〜っと，講義の準備をしてたのだ」

学生「準備してたのは駄洒落の数々でしょ！」

西野「体積分(たいせきぶん)が出て来たら，痛い積分，歌い積分，固い積分，期待積分，固体積分，サ行に移って....」

学生「サ行 2 番目(したいせきぶん)は勘弁して下さいね」

西野「仙台駅の駐車場は千台分，仙台港に停泊できる船は千積分(線)....」

学生「ボツ(没)ですよ〜そんなミエミエの駄洒落は」
西野「常日頃から準備しておくと，ごく稀にうまくハマる瞬間が来るのじゃ」
学生「西野さんの好きな『白い粉』で『テロから学ぶベクトル解析』なんていかが？」
西野「それは『風とともにサリン』より恐い。わしゃ〜『エロから学ぶベクトル解析』の方がエエ」
—またまた「お色気路線」に脱線する，おおアブナ〜イ。グルメを自称する西野ならば，シャンパン飲んで『ベロから弾(はじ)けるベクトル懐石』の方がヨイ....
西野「ところで，もうちょっと話したいこともあるんだけどな〜，ベクトル解析について。後で補足しとくから，ケータイの番号教えて?!」
学生「数字の**ゼロ**から始まりま〜す。あ，もう駅に着いちゃった，後は内緒。じゃ〜ね〜，御馳走様」

—と言って，学生は改札口へと消えて行った。あっという間に１人になると，ここは『ちょっとさびしい』港街，秋の冷え込みが身にしみる。トボトボ帰り道を歩きつつも，「次は誰を俺に誘うと楽しいかな？」と思案するのであった。来週も「ね〜ちゃん」を駄洒落モードの天然セクハラ毒牙にかけ損なうのであろうか？

携帯の番号はゼロから、
ベクトル解析もゼロから、
恋愛もゼロから学ぶのヨ。

演習問題の解答

大抵の教科書には「章末演習問題」と，巻末に「その略解」が掲載されている。こういう場合，いきなり解答を見てはイケナイ。時間と空間を超えて，著者と勝負するのじゃ。解ければ読者の勝ち，解けなければ**解けないような問題を出題した著者の負け**。10 分考えて解けなければ，解答をカンニングするのも時間の節約だろう。

さあ解答...あっ，演習にしようと思っていた問題は，ぜんぶ本文中で計算してしまった。実は，**演習問題がタップリ入ったような体育会系・頭脳筋肉モリモリの教科書・参考書は売れない**っちゅ～法則があるので，ちょっとでも多くの人々を駄洒落モードに引き込みたい「物理モドキ芸人」の著者は演習問題を出さないのであった。宿題とか演習問題なんちゅ～ものは「1 から学ぶベクトル解析」に任せることにしよう。

—あっ，一つだけ「未解決の問題」が残っていました。ヘボ教官・西野のことを誰よりもよく知っている私は誰でしょうか？　ついに『カミングアウト（?）』する時が来ました，実は多重人格者西野の，一番マトモな(?!) 人格にして，この本の著者です。こんな駄洒落の塊を世に出す所が，既にマトモではないという自覚は一応あるのですが......

あとがき

講義をしていて「循環論法」に陥るのがヘボ教官の特徴だ。講義している方は「先に内容を理解している」のが落とし穴で，うっかりすると「理解している人は理解できるけど，初めて聞く人は理解できない」という救いようのない状態に陥ってしまう。学生から

「それ，何故ですか？」

と鋭く質問されてから，初めて準備不足に気付く。それも毎週のように。この場を借りて「ザンゲ」しよう。

じゃ～，本（?!）を書く時にはどうしたら良いのだろうか？　と，思案した結果，「まずは全てを忘れてしまいなさい」と煩悩（ぼんのう）の導くまま，**まずワインをグビっと 200[ml] ほど飲んで，酔いが回った所で執筆することにした**。すると.... 3 ページほど書いた所で，もう 200[ml] 飲み，ほとんど酩酊状態で駄洒落を連発することとなった。翌朝，いや翌午後になって，正気に戻ってから読み返してみて**「やっぱこりゃ～，マズいよな～」**という箇所は「港街の雰囲気に従って」自主規制したので「食い倒れの街」ほど濃くはないと，ひとり勝手に思い込んでいる。書き終えた所でハッと気が付くと，空のワインボトルが 100 本転がっていた。幸いにして「若き日の過ち」のように一本飲み干して**「ゲロから学ぶベクトル解析」**にはならなかった。

ついでに暴露すると，最初はネーター（Noether）の定理くらいまで書くという壮大な（？）計画を抱いてたのだけど，構想 3 カ月，執筆 1 日目にして沈没してしまった。ちょっと一服するつもりで，テレビのスイッチを入れたら「ターミ**ネーター 2**」が放映されてて，ハマッて見てしまって，見終わった所で「温泉旅行で熱海（あたみ）に一泊すればアタミ（熱海）デ（で）**ネーター**（寝た）」など，しょーもない連想が止まらなくなった――というのが実情だ。後悔先に立たず。

最後に，チョロリと蛇足を加えよう。「ベクトル解析」というのは，微

分や積分がそうであるように「理系で学ぶイロイロな物の基礎」だと思っている。定理がチョロチョロと出て来るのだけど，それを知っているからと言って飛行機の設計ができる訳でもなければ，宇宙を説明できる訳でもない。懐石料理の作法みたいな物かもしれない。懐石料理というと，とかく作法ばっかりアレコレと気にするけど「その場の会話に入り込む」方が百倍難しいし，緊張する。研究や仕事で「どうしてもベクトル解析を使わなければならない問題」に出くわした時に，初めてベクトル解析の理解が増す。こんな風に，必要になるまでは「確か，この本には○○の定理が説明してあったよな？」という程度のことを覚えておけば，ソレで充分だろう。今日の楽しみなくして明日の楽しみナシ，**誘惑に溺（おぼ）れないキャンパスライフを送るくらいならば，大学を退学した方がマシだ……**

さくいん

記号

ア行

カ行

サ行

タ行

ナ行

ハ行

マ行

ヤ行

ラ行

ワ行

著者紹介

西野友年（にしの ともとし）

1964 年香川県生まれ。大阪大学理学部物理学科を首席で卒業。同大学博士課程修了後，東北大学理学部助手を経て，現在，神戸大学理学部物理学科准教授。博士（理学）。妻と子 1 人。

NDC 413　213 p　　21 cm

ゼロから学ぶシリーズ
ゼロから学ぶベクトル解析

2002 年 5 月 10 日　第 1 刷発行
2011 年 7 月 20 日　第 7 刷発行

著　者　西野友年
発行者　鈴木　哲
発行所　株式会社　講談社
〒 112-8001　東京都文京区音羽 2-12-21
販売部　(03) 5395-3622
業務部　(03) 5395-3615
編　集　株式会社　講談社サイエンティフィク
代表　柳田和哉
〒 162-0825　東京都新宿区神楽坂 2-14　ノービィビル
編集部　(03) 3235-3701
印刷所　豊国印刷株式会社・半七写真印刷工業株式会社
製本所　株式会社国宝社

ISBN4-06-154662-7